C程序设计与仿真测试

主　编　张海燕　张　佳

副主编　王晓洁　廖志雄　焦红艳

西北工業大學出版社

【内容简介】 根据C语言程序的开发和计算机教学的需要，本书系统全面地介绍了C语言的有关知识和应用技术，主要内容包括C语言程序的数据类型、运算符和表达式，程序结构，数组，函数，指针，结构体，文件及宏定义与文件包含等内容。

为了便于读者学习，本书中的例题都有详细的解析和运行结果的截图，以帮助读者掌握C语言程序开发的细节知识。

本书可作为高等院校计算机、电子通信及相关专业程序设计基础课教材，亦可作为自学用书。

图书在版编目(CIP)数据

C程序设计与仿真测试/张海燕，张佳主编．—西安：西北工业大学出版社，2011.11
ISBN 978-7-5612-3220-0

Ⅰ.①C… Ⅱ.①张…②张… Ⅲ.①C语言—程序设计 Ⅳ.①TP312

中国版本图书馆CIP数据核字(2011)第216587号

出版发行：西北工业大学出版社
通信地址：西安市友谊西路127号　　邮编：710072
电　　话：(029)88493844　88491757
网　　址：www.nwpup.com
印 刷 者：陕西向阳印务有限公司
开　　本：787 mm×1 092 mm　1/16
印　　张：13.5
字　　数：325千字
版　　次：2011年11月第1版　　2011年11月第1次印刷
定　　价：28.00元

前　言

本书按照C语言的语法规则，以VC++ 6.0为编程环境，向读者介绍C语言和用C语言进行程序设计的基本知识。本书适合未学过任何程序设计语言的初学读者，可用做高等学校本科和专科学生的教材，也可作为自学教材，还可作为培训机构的培训资料。

本书对每个知识点的讲解分为两个部分：①基础知识的讲解，主要对C语言的基本语法和结构等进行讲解。②程序举例与运行测试，在对基础知识进行讲解的基础上，引用了大量实例，读者通过对实例的分析可以加深对基础知识的理解。

在对内容的安排上，本书力求由浅入深，用最直观的方法介绍相对复杂的程序设计方法。本书共分10章，分别是：第1章概述，主要讲解C语言的语句特点及VC++ 6.0编程环境；第2章C程序基础，主要讲解C语言的基本数据类型（包括整型、实型和字符型）及常用的运算（包括算术运算、关系运算和逻辑运算等）；第3章C程序的基本结构，主要讲解C程序设计过程中常用的3种结构，即顺序结构、选择结构和循环结构；第4章数组，主要讲解数组的定义及使用方法；第5章函数，主要讲解函数的概述、定义及函数参数传递；第6章指针，主要介绍指针的概念、定义、使用方法及指针作为参数的地址传递方法；第7章复合数据类型，主要介绍结构体的定义和使用；第8章位运算，主要介绍对数据按位进行运算的方法，包括按位逻辑运算和移位运算；第9章文件，主要介绍文件的操作方法；第10章预处理命令，主要介绍常用的预处理命令，包括宏定义、文件包含等C程序常用预处理。

本书由张海燕、张佳担任主编，由王晓洁、廖志雄、焦红艳 担任副主编，第1章由焦红艳编写，第2章由赵晓莉编写，第3、8章由张海燕编写，第4章由王士斌和赵晓莉编写，第5章由廖志雄和张佳编写，第6章由郑崴编写，第7章由王晓洁编写，第9章由程海军和焦红艳编写，第10章由程海军编写。

本书在编写过程中借鉴了部分经典教材的内容，在此向其作者表示感谢。

由于水平所限，书中若有不足之处，欢迎广大读者批评和指正。

编　者

2011年6月

目　　录

第1章　概　　述

C语言作为当前最流行的编程语言之一，具有很多独有的优势。本章就C语言的优点、特点和编程调试方法进行介绍。

1.1　C语言基础

1.1.1　C语言的优势

C语言是大多数软件设计的初学者首选的编程语言，主要原因是C语言具有以下优势：

(1)C语言具有易学性。C语言的很多语法跟数学表达式相同，比如要实现加法，可以使用语句“c＝a＋b;”，该语句的作用是将变量a和变量b的值相加，然后将和赋值给变量c。

(2)C语言具有硬件操作性。C语言虽然是一种开发软件的编程语言，但与其他编程语言所不同的是，C语言能同时对硬件进行操作。目前很多的自动控制系统和嵌入式系统都可以采用C语言来开发。

(3)C语言具有可移植性。C语言是目前最流行的语言，大多数的系统都支持C语言程序，因此用C语言开发的程序可以在不同的硬件系统上运行，而不需要修改程序。

1.1.2　算法及其描述

要设计一个能解决某个问题的程序，软件开发者必须先确定该问题的解决步骤，然后将解决步骤用适当的语言表达出来。所谓的解决步骤即是算法，而适当的语言表达是指选择合适的编程语言(如C语言)并根据正确的语法编写出正确的程序。如果算法错误，则无法编写出正确的程序，因此一个能实现某个功能的软件必须同时具有正确的算法和根据该算法编写出的正确的软件。即

正确的算法＋正确的语法＝正确的软件

那么算法怎么来描述呢？下面通过一个例子来简单介绍。

例如，采用一种语言描述求某数的绝对值的方法。

(1)用数学表达式描述为

$$f(x)=\begin{cases} x, & x\geqslant 0 \\ -x, & x<0 \end{cases}$$

(2)用自然语言描述为“如果某数大于或等于零，则该数的绝对值就是它自己；如果某数小于零，则该数的绝对值是其相反数”。

(3)用流程图描述。传统的流程图由如图1.1所示的几种基本框架组成。

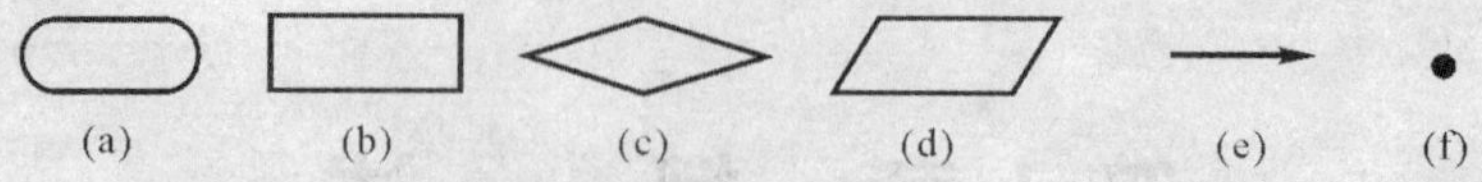

图 1.1　流程图基本框架

(a)开始或停止框；(b)处理框；(c)判断框；(d)输入输出框；(e)流向线；(f)连接点

上述例子用流程图描述为图 1.2。

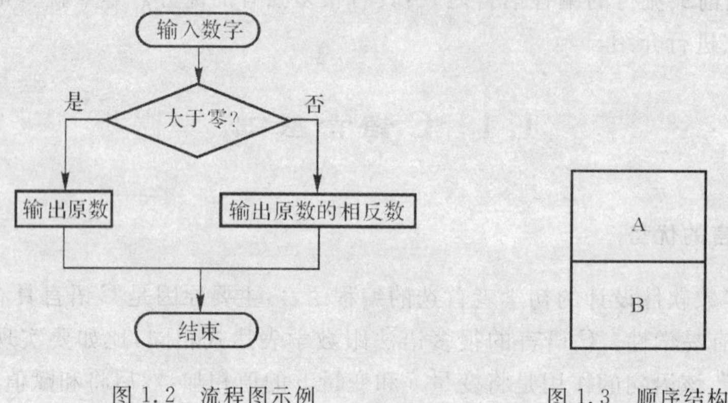

图 1.2　流程图示例

图 1.3　顺序结构

(4)用 N－S 图表示算法。用 3 种基本结构的顺序组合可以表示任何复杂的算法结构，所以它们之间的流程线就是多余的。在此基础上，1973 年美国学者 I. Nassi 和 B. Shneiderman 提出了一种新的流程图形式。在这种流程图中，完全去掉带箭头的流程线，全部算法写在一个矩形框内，在矩形框内可以包含其他的从属框图，这种流程图以两人的名字命名为 N－S 图，N－S图非常适合结构化程序设计，备受欢迎。

N－S 图使用以下符号：

顺序结构：如图 1.3 所示。A 和 B 两个框依次放置组成一个顺序结构。

选择结构：如图 1.4 所示。当条件 P 成立时，执行 A 操作，条件 P 不成立时，执行 B 操作。

循环结构：当型循环用图 1.5 表示。当条件 P 成立时，反复执行 A 操作，直到条件 P 不成立为止。直到型循环用图 1.6 表示。条件 P 不成立时反复执行 A 操作，直到条件 P 成立为止。

显然，求绝对值应该用选择结构，上述例子的 N－S 图如图 1.7 所示。

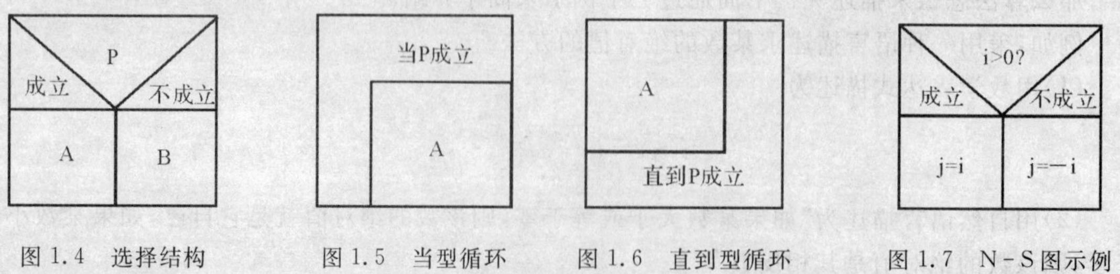

图 1.4　选择结构　　图 1.5　当型循环　　图 1.6　直到型循环　　图 1.7　N－S 图示例

(5)上述例子用 C 语言程序描述为

```
#include"stdio.h"
```

```
main()
{inti,j;
scanf("%d",&i);
if(i>0) j=i;
   else  j= -i;
printf("%d",j);
}
```

算法是程序的核心，为保证能用算法正确地描述处理步骤，算法应满足以下要求：

(1)一个算法必须保证执行时间有限。需要无穷多步骤才能解决的问题实际是不能解决的问题。

(2)算法的每一个步骤必须具有确切的含义。算法是编写程序的依据，因此，每个步骤都必须要有非常明确的操作。

(3)应对算法给出初始条件。

(4)算法必须具有至少一个输出。不能输出结果的算法对用户没有任何意义。

(5)算法的每一步都必须是计算机能进行的有效操作。

1.2 C语言的语句特点

最简单的C语言程序如下所示：

```
#include "stdio.h"       /*标准输入/输出头文件*/
main()
{
   printf("I AM CHINESE! \n"); /*输出一句话*/

}
```

从上述程序可看出，C语言程序具有以下的语法要求：

(1)一个C语言程序可以由很多函数组成，但有且只有一个main函数，并且，C语言程序的执行是从main函数开始的。即每个C语言程序必须包含如下结构：

```
main()
{
 }
```

(2)C语言程序的每个语句都必须以“;”结束。

(3)C语言本身的函数有限，用到非C语言的固有函数时，可以使用预处理命令#include来包含有关函数文件的信息。

(4)C语言中，大写字母和小写字母是不同的字母。

(5)C语言程序的语句写法比较灵活，可以多个语句写在同一行，也可以一个语句写在多行。

(6)在需要使用变量的程序中，变量必须先在函数开头进行定义，并在初次使用之前赋初值。

(7)C语言中用“/*　　　*/”来表示需要注释的内容,注释内容程序运行时不执行。

注意　由于屏幕显示和键盘的操作问题,编程时容易将字母“o”和数字“0”混淆,请读者注意。

1.3　编程环境

目前C语言程序的设计环境主要有TC和VC两种,由于操作不方便等原因,TC已快被程序设计人员淘汰。国家计算机等级考试也采用VC作为编程环境,因此,本节将着重介绍VC++ 6.0编程环境。

1.3.1　VC++ 6.0编程环境

第一步:通过桌面上的图标启动VC++ 6.0。

第二步:VC++ 6.0启动后会出现如图1.8所示的窗口。

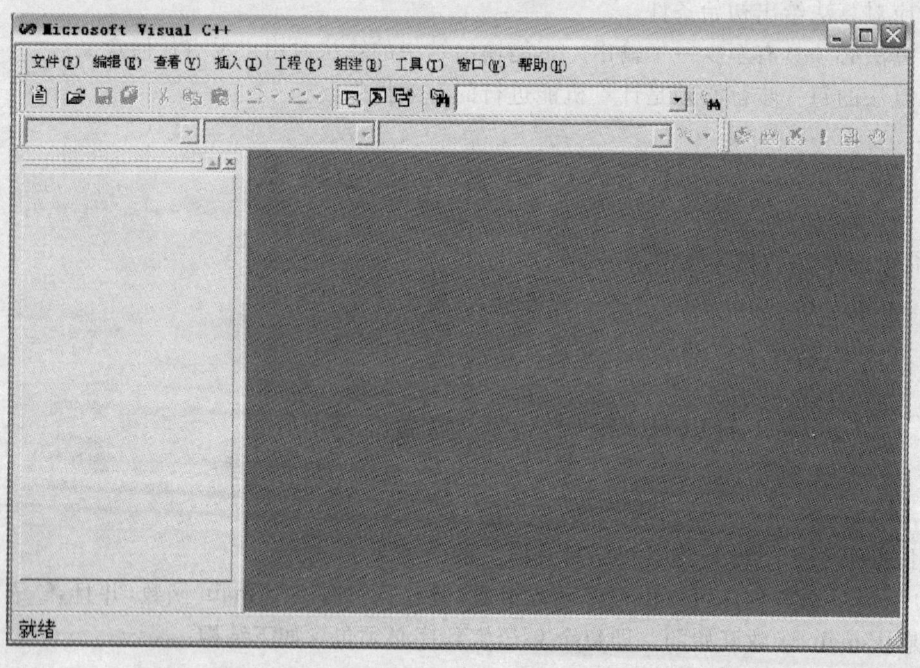

图1.8　VC++ 6.0编程环境

第三步:在如图1.8所示的编程环境中,点击“文件”,弹出下拉菜单(见图1.9),选择其中的“新建”来创建一个C程序。当C程序编写成功以后,该下拉菜单中的“保存”等选项会变黑,点击可以进行保存操作。

第四步:在第三步点击“新建”后,会弹出如图1.10所示的窗口,选择“文件”,再选择“C++ Sourse File”启动如图1.11所示的程序编辑界面。

第五步:在程序编辑窗口中根据C语言的语法输入语句,如图1.12所示。

第六步:程序输入完成后,按下“F5”键,或者用鼠标点击图标或者**!**开始运行,此时系统会弹出是否需要创建工程的窗口,如图1.13所示,选择“是”。之后系统会提出保存文件的窗口,如图1.14所示,读者可将程序形成的文件保存在任何位置。

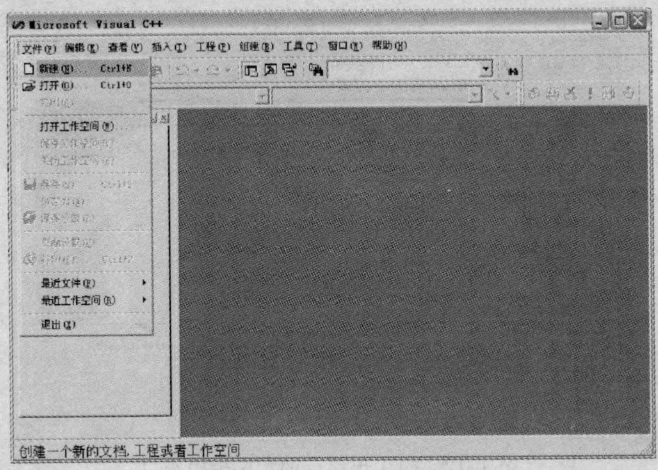

图 1.9　文件下拉菜单

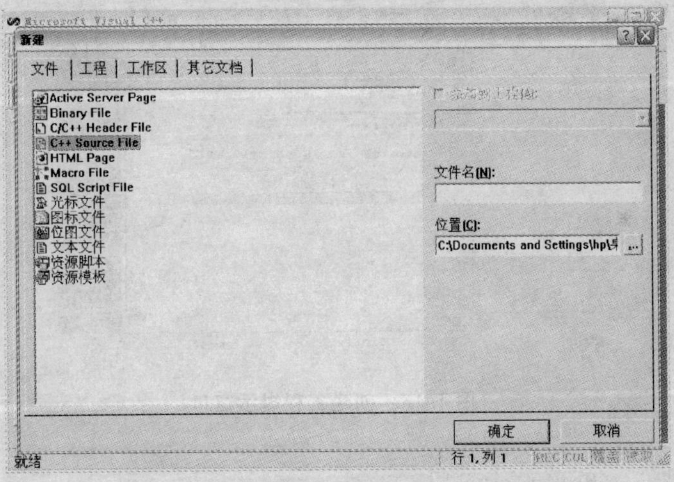

图 1.10　文件选择窗口

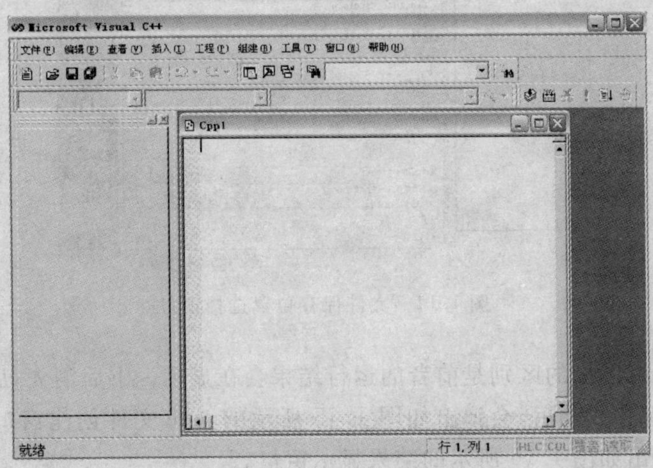

图 1.11　程序编辑界面

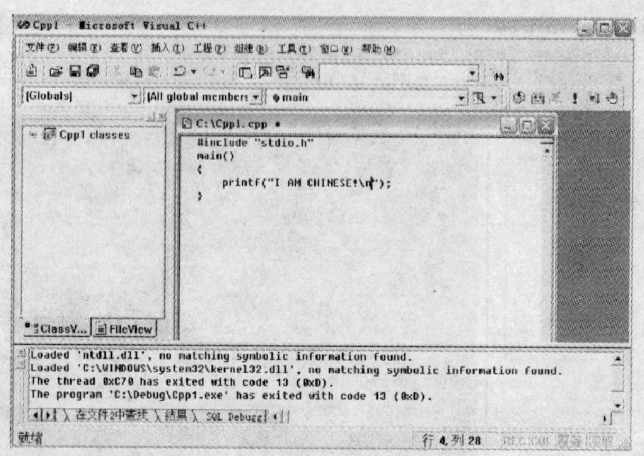

图 1.12　输入程序后的程序编辑窗口

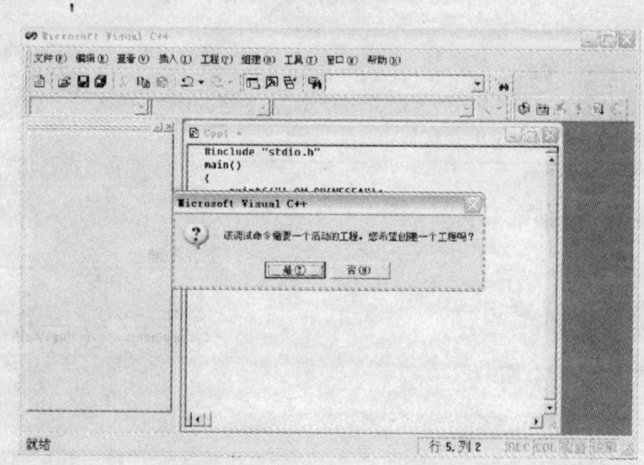

图 1.13　创建工程提示窗口

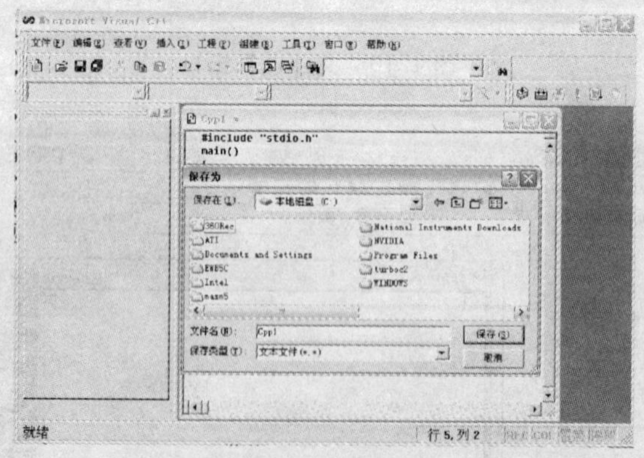

图 1.14　文件保存位置选择窗口

提示　两个运行图标的区别是前者的运行结果会在显示一下后消失，后者则会一直保留。

第七步：程序保存成功后，会弹出如图 1.15 所示的.exe 文件创建窗口，选择“是”。之后程序就会执行并弹出如图 1.16 所示的结果显示窗口。

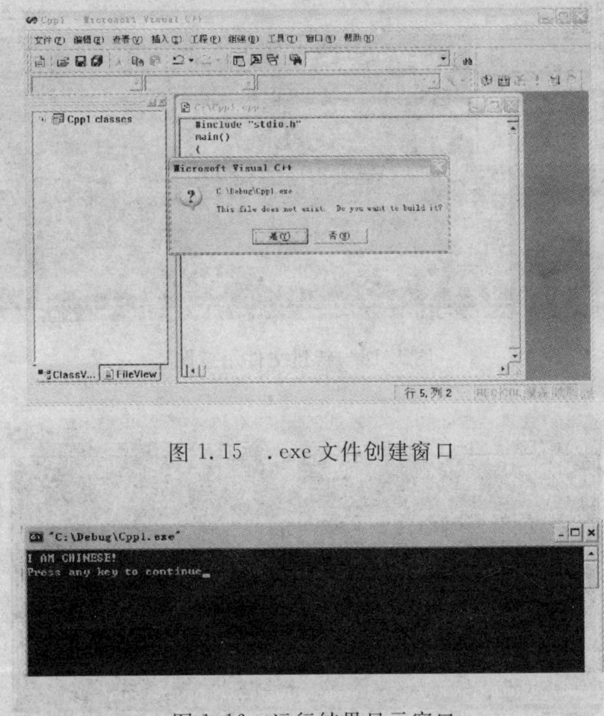

图 1.15　.exe 文件创建窗口

图 1.16　运行结果显示窗口

1.3.2　TC 编程环境

点击图标启动 TC。TC 启动后会弹出如图 1.17 所示的编译环境。然后按住组合键“Alt+F”，弹出下拉菜单，选择“New”创建新的 C 程序，如图 1.18 所示。之后输入如图 1.19 所示的程序，程序输入完成后，按住组合键“Ctrl+F9”运行程序，如图 1.20 所示。最后按住组合键“Alt +F5”，弹出如图 1.21 所示的结果显示窗口。

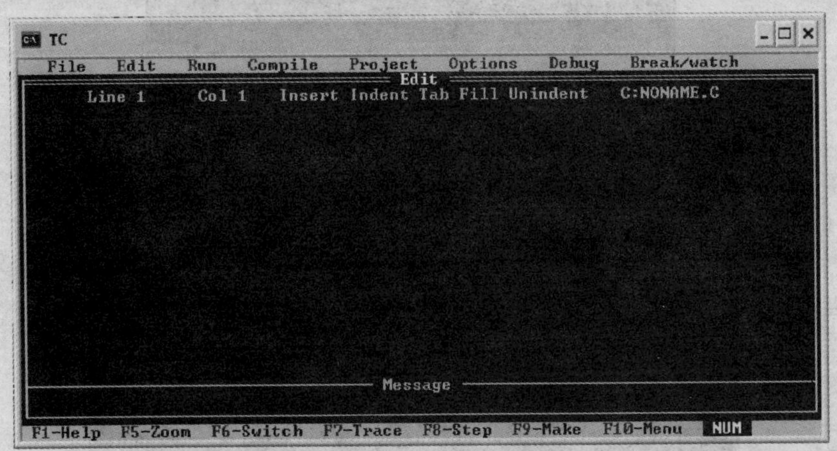

图 1.17　TC 编译环境

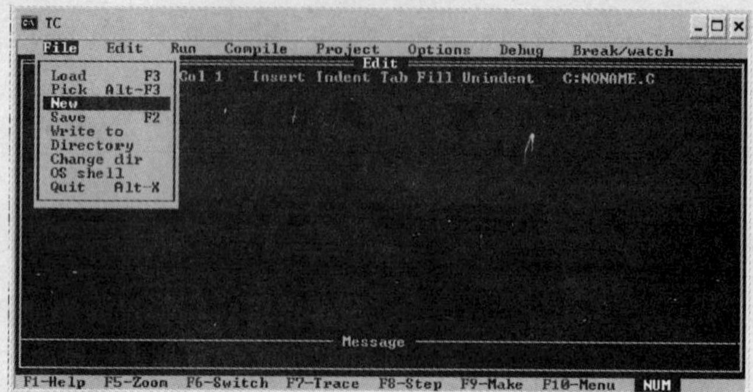

图 1.18　新建文件示意图

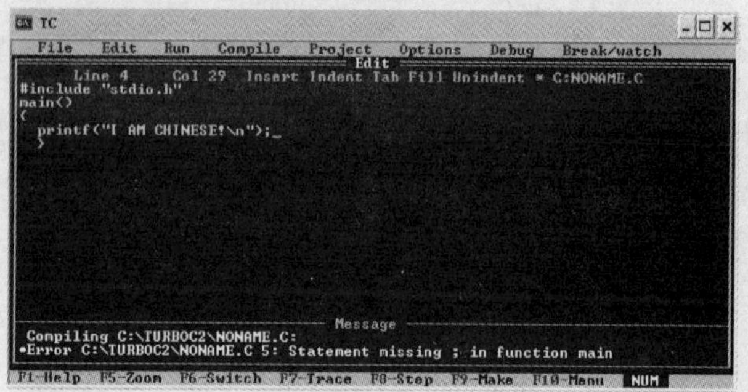

图 1.19　输入程序后的示意图

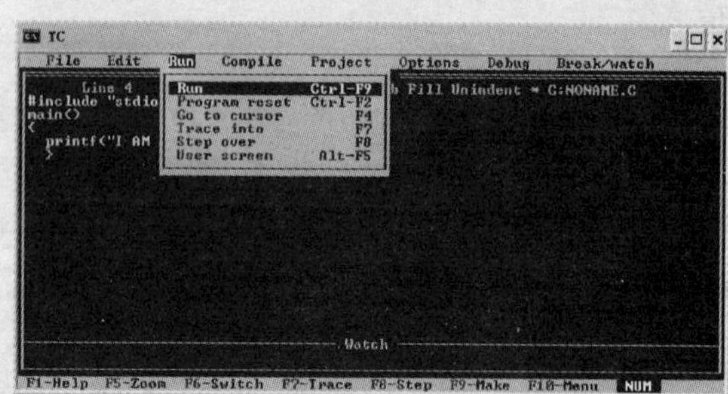

图 1.20　运行程序

图 1.21　结果显示窗口

本章小结

本章介绍了C语言的上机环境，包括VC++ 6.0和TC两种。其中VC++ 6.0是全国计算机等级考试使用的环境，读者在学习时应重点掌握。

练习题

1. 要正确运行一个程序，程序员需要做哪些工作？
2. 如何将在一台电脑上设计的程序，通过文件拷贝的方法在别外一台电脑上运行？
3. 用TC环境设计出的程序是否能在VC++ 6.0环境中运行？

第2章 C程序基础

为了完成一定的处理任务，程序常常需要对某些参数进行某些运算。C语言采用常量和变量来保存参数，并对这些参数进行各种运算后得出结果，完成特定的功能。本章将介绍C语言常用的常量和变量的类型，并对常用的数学运算符和逻辑运算符进行讨论。

2.1 常量与变量

C语言常用的基本数据类型有：整型、实型和字符型。每一种基本类型又可分为常量和变量两类。如果某值固定不变，则称为常量。如果值会随着计算过程而改变，则称为变量。

2.1.1 常量

根据类型的不同，常量可分为：整型常量、实型常量和字符型常量。

根据意义的不同，常量可分为：直接常量、标识符和符号常量。

(1)直接常量即常量本身就是某一个值，如整型常量50，-5；实型常量2.3，3.5；字符型常量'a'，'b'，'c'；字符串常量"I am chinese!"等。

(2)标识符即代表另外一个对象的名字的常量，包括变量的标识符(变量名)、函数的标识符(函数名)、数组的标识符(数组名)等。

(3)符号常量即用另外一个符号代表的常量值，如在C语言中，为了使用方便，常采用以下方式代表某一常量：

```
#define pi 3.1415926
```

这行语句中的"pi"就代表3.1415926这一个圆周率的值，编程时即可用"pi"直接代替圆周率。如果将上述语句中的数值进行修改，则程序中所有"pi"的值也全部改变。

使用符号常量时一般要求见名知义。

2.1.2 变量

所谓变量即参数值会发生变化的量。

C程序在编译时，会为每个变量分配一定的存储单元。修改变量的值即是修改存储单元的内容，相反，修改存储单元的内容，变量值也会随之改变。

系统会给不同类型的变量分配不同大小的存储空间。

2.2　C 语言的基本数据类型

2.2.1　整型数据

1. 整型常量

根据进制的不同，整型常量一般有十进制常量、二进制常量、八进制常量和十六进制常量 4 种。

对于以上 4 种常量，C 语言的语法规则有以下一些规定：

(1)十进制常量。只能由 0～9 这 10 个数字构成，且首位不能为 0。如 123，40，－30 均为正确的十进制常量，但 015 和 26A 均为错误的十进制常量。

(2)二进制常量。只能由 0 和 1 这两个字符组成。如 01010101，1101101 均为正确的二进制常数，但 02010101 则为错误的二进制常数。

(3)八进制常量。只能由 0～7 这 8 个字符组成，且首位必须为 0，作为八进制的标志。如 078，012 均为正确的八进制常数，但 95 和 45 则为错误的八进制常数。

(4)十六进制常量。只能由 0～9 和 A～F(或 a～f)这 16 个字符组成，且以 0X 或 0x 开头，作为十六进制的标志。如 0XA78，0xa65 均为正确的十六进制常数，但 a95 和 0xg45 则为错误的十六进制常数。

2. 整型变量

(1)整型变量分类。整型变量可分为一般型、短整型、长整型和无符号整型 4 种。其中无符号整型又可分为无符号一般型、无符号短整型、无符号长整型。

各种整型变量的对比如表 2.1 所示。

表 2.1　各种整型变量的对比

类　型	类型说明符	内存字节数	取值范围
一般型	int	2	－32768～32767
短整型	short int 或 short	2	－32768～32767
长整型	long int 或 long	4	－2147483648～2147483647
无符号一般型	unsigned int 或 unsigned	2	0～65535
无符号短整型	unsigned short	2	0～65535
无符号长整型	unsigned long	4	0～4294967295

注意　为了保证计算正确，定义整型变量的类型一定要根据其取值范围来确定，防止值的溢出。例如，一整型变量的值为 32767，对其进行加 1 操作时，其值会变为－32768。

(2)整型变量的存储。有符号整型变量均以补码的方式进行存储，即其存储空间的最高位为符号位。正整数的补码与原码相同，负整数的补码是负整数的绝对值的原码取反再加“1”。如 8 的存储单元的状态为 0000 1000，－8 的存储单元状态为 1111 1000。

(3)整型变量的定义。整型变量的定义方法如下：

int a，b，c；定义为整型变量

unsigned d,e,f;定义为无符号一般整型变量

long g,h,i;定义为长整型变量

注意 ①变量要先定义再使用,一般变量的定义放在程序或一个函数的开头。②一个类型说明符后可以定义多个变量,这些变量的类型相同,各变量名之间用逗号间隔。类型说明符与变量名之间至少用一个空格间隔。③变量定义语句的最后必须以";"号结尾。

3.整型变量相关程序举例与仿真测试

例 2.1 整型变量定义和应用举例。

```
main()
{
    int a,b,c;
    a=6;
    b=-3;
    c=a+b;
    printf("a+b=%d",c);
}
```

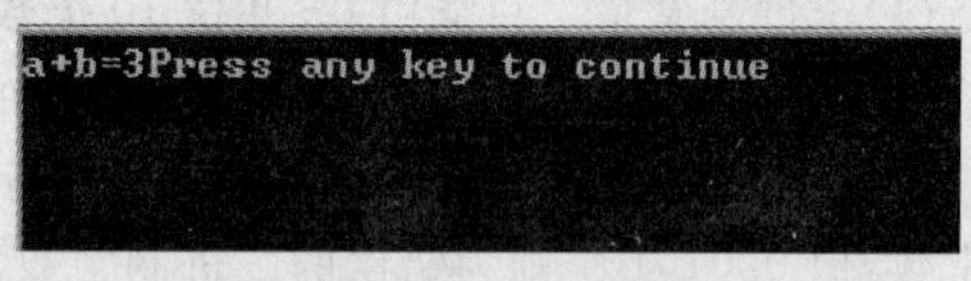

图 2.1 例 2.1 程序的运行结果

程序的正确结果为:

a+b=3

例 2.1 的运行输出如图 2.1 所示。

注意 变量在定义后,必须要赋予初值才能参与运算。赋初值可以在定义的同时进行,也可在定义之后进行。例如,语句

```
int a=5;
```

和语句组

```
int a;
a=5;
```

的作用是相同的。

读者可自行将本程序中的变量 a 的值修改为 32767,变量 b 的值修改为 1,验证溢出的发生。

2.2.2 实型数据

1.实型常量

实型也称为浮点型。实型常量即为实数或者浮点数。C 语言规定,实型常量只采用十进制。可以用十进制小数和指数这两种形式表示。

(1)十进制小数形式。采用十进制小数表示实型常量时,小数只能由 0～9 和小数点组成,且必须有小数点。例如 0.5,10.3,-2.0,3.1415,3.0,6.。但 30 不是合法的十进制小数,因为没有小数点。

(2)指数形式。指数形式就是用科学计数法的方法表示实型常量。但与科学计数法的形式有一定区别。指数形式由十进制数和阶码标志"e"或"E"以及阶码(只能为整数,可以带符号)组成。其一般形式为 a E n(a 为十进制数,n 为十进制整数),值为 $a\times10^{n}$。如 5000 用科学计数法表示为 5×10^{3},用指数形式表示为 5e3;0.09 用科学计数法表示为 9×10^{-2},用指数形

式表示为9e−2。

用以下方法表示实数不合法：E3(阶码标志E之前无数字)、−2(无阶码标志)、5.−E2(负号位置不对)。

注意　标准C允许浮点数使用后缀“f”或“F”即表示该数为浮点数。如356f和356.是等价的。

2. 实型变量

实型变量可分为一般实型、双精度实型和长双精度实型3种。各种实型变量的对比如表2.2所示。

表2.2　各种类型变量的对比

类　型	类型说明符	内存字节数	取值范围	有效位数
一般实型	float	4	$10^{-37}\sim10^{38}$	6～7
双精度实型	double	8	$10^{-307}\sim10^{308}$	15～16
长双精度实型	long double	32	$10^{-4931}\sim10^{4932}$	18～19

注意　①由于存储空间的限制，实型有有效位数的限制，一般小数点之后只保存6位小数，因此保存无限小数或位数超过有效位数的小数会存在误差。对于超过有效位数的部分采用四舍五入的办法近似。②实型常量不分一般实型、双精度实型和长双精度实型。

实型变量的定义方法与整型变量类似。

3. 实型变量相关程序举例与仿真测试

例2.2　求以下程序的输出结果。

```
main()
 {
  float a,b;
  a=20;
  b=a/6;
  printf("%f\n%f\n",a,b);
 }
```

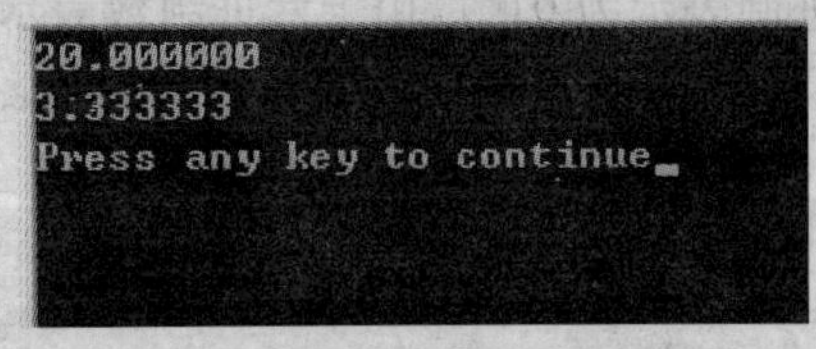

图2.2　例2.2程序的运行结果

程序中语句a=20是将20赋值给变量a，但a是实型变量，所以先将20变为20.000000之后再进行赋值。b=a/6执行之后，b的值应为无限循环小数3.3333333…，但b作为单精度实型变量只能保存6位小数，之后的直接舍去。因此其输出结果如图2.2所示。

2.2.3　字符型数据

1. 字符常量

C语言程序中，用单引号括起来的单个字符即是字符常量。如‘a’，‘5’，‘*’等。

注意　①字符常量只能是用单引号括起来的单个字符，不能是用其他符号，也不能有多个字符。如“a”和‘hello’均是不合法的字符常量。②字符常量不能参与运算。例如，‘5’是字符型常量，不能当成数值5参与运算。

2. 转义字符

为了实现一些特殊的操作，C 语言规定了一些转义字符，其格式为以反斜线"\"开头，后跟一个或几个字符。

常用的转义字符如表 2.3 所示。

表 2.3　常用转义字符及其含义

转义字符	含　义	ASCII 代码
\n	回车　换行	10
\t	横向跳到下一制表位置	9
\b	退格	8
\r	回车	13
\\	反斜线符"\"	92
\'	单引号符	39
\"	双引号符	34
\ddd	1～3 位八进制数所代表的字符	
\xhh	1～2 位十六进制数所代表的字符	

说明：\ddd 是表示 1～3 位八进制数对应的十进制数所代表的字符，\xhh 是表示 1～2 位十六进制数对应的十进制数所代表的字符。如'a'的 ASCII 码是 97，用八进制表示为 0141，用十六进制数表示为 0x61，所以\141 和\x61 也可表示字符'a'。又如'A'的 ASCII 码是 65，用八进制表示为 0101，用十六进制数表示为 0x41，所以\101 和\x41 也可表示字符'A'。

3. 字符常量相关程序举例与仿真测试

例 2.3　写出下面程序的输出。

```
main()
{
printf(" \141 \n\101\\\t\"\n");
}
```

"\141" 表示输出 ASCII 码为八进制数 0141(十进制数为 97，是字符'a')的字符，"\n"表示输出换行符，光标移动到下一行开头位置，"\101" 表示输出 ASCII 码为八进制数 0101(十进制数为 65，是字符'A')的字符，"\\"输出字符'\'，"\t"表示光标移动到下一制表符向右移动 8 个字符的位置，"\""控制输出一个双引号。

程序的运行结果如图 2.3 所示。

读者可自行分析如果将程序进行简单修改为以下程序后的运行结果：

```
main()
{
printf(" \141 \n\101\\\r\t\"\n");
}
```

图 2.3　例 2.3 程序的运行结果

4. 字符变量

字符变量即用来保存字符数据的变量，其定义方法与整型变量的定义方法类似，类型说明符为 char。如 char a 表示定义一个变量名为 a 的变量。

注意　字符变量和字符常量不同，字符变量可以参与运算。字符变量在内存中占一个字节。

5. 字符变量相关程序举例与仿真测试

例 2.4　写出下面程序的输出。

```
main()
{char a,b;
 a='b';
 b=a+1;
 printf("%c,%c\n",a,b);
 printf("%d,%d\n",a,b);
}
```

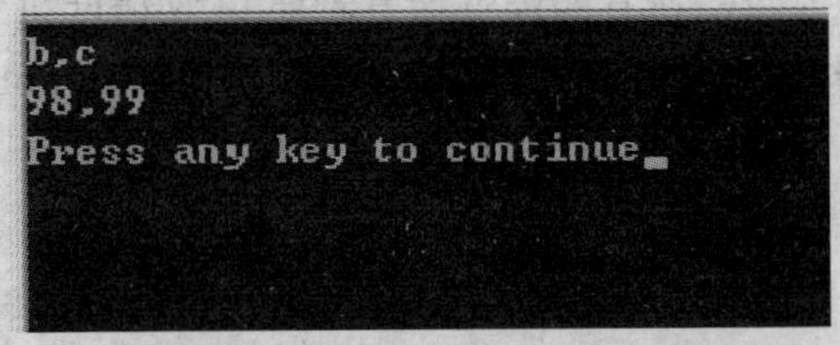

图 2.4　例 2.4 程序的运行结果

语句 a=‘b’表示将字符‘b’赋值给字符变量 a；语句 b=a+1 表示将字符变量 a 的值加 1 之后再赋值给变量 b，因为变量 a 对应的字符‘b’的 ASCII 码为 98，因此变量 b 的值为 99，对应的字符为‘c’。所以例 2.4 程序的结果如图 2.4 所示。

6. 字符串常量

用双引号括起来的一串字符即是字符串常量，如“hello，world！”。

字符串常量中的每一个字符均占一个字节的内存空间，同时在字符串结束时还要用‘\0’来作为结束标志，所以字符串常量所需的内存字节数为字符串中的字符数加 1。

如“hello，world！”的内存状态为

h	e	l	l	o	,	w	o	r	l	d	!	\0

C 语言中的字符串常量和字符常量存在很大的区别：

(1)标志和内容不同。字符常量只有一个字符，且用单引号括起来，而字符串常量可以为任意个字符，且用双引号括起来。例如“”也可以是一个字符串常量，称为空字符串常量，在内存中的状态为

\0

(2)结束标志不同。字符常量没有结束标志，而字符串常量的结束标志为“\0”。

(3)使用方法不一样。字符常量可以被赋值给一个字符变量，但字符串常量不行，且 C 语言中没有字符串变量。对字符串的操作只能通过字符串处理函数来进行。

2.3　各类数值型数据之间的混合运算

变量的数据类型是可以转换的。转换的方法有两种：一种是自动转换，另一种是强制转换。自动转换发生在不同数据类型的量混合运算时，由编译系统自动完成。自动转换遵循以下规则：

(1)若参与运算量的类型不同,则先转换成同一类型,然后进行运算。

(2)为了保证转换之后数据的精度以及正确性,数据转换时向内存数量变大的方向进行。如int和long型数据,int型数据占两个字节,long型数据占4个字节,所以先将int型数据转换成long型数据再计算。如果表达式中有char和short型数据,则先将这两种数据转换成int型。

(3)所有的浮点运算都是以双精度进行的,即使仅含float单精度量运算的表达式,也要先转换成double型,再作运算。

转换方向如图2.5所示。

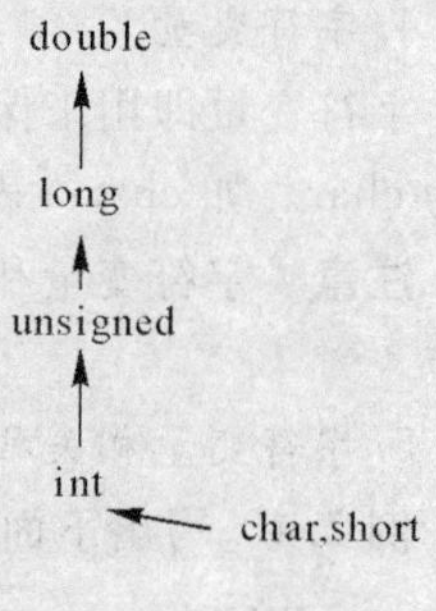

图2.5 转换方向

2.4 运算基础

C语言允许变量或常量之间进行很多种运算,包括算术运算、关系运算、逻辑运算、位运算、赋值运算、条件运算、逗号运算、指针运算等。每种运算都有单独的运算符,本节将重点介绍算术运算、赋值运算、逗号运算、关系运算和逻辑运算。

2.4.1 算术运算

1.各种运算符

算术运算的运算符包括加、减、乘、除和求余5种。各运算符及其功能如表2.4所示。

需要说明的是:如果参与除法运算的两个量均为整数,则结果也为整数,舍去商的小数部分;如果两个量中至少有一个为实型数,则结果也为实型。

运算符的左结合指的是参与运算的量应先与其左边的运算符结合之后再参与运算。如－z＋x的运算规则为z先与左边的“－”结合成“－z”,x与其左边的“＋”结合完成加法(－z)＋x。

表2.4 运算符及其功能

运算符	功能	说明
＋	加法	双目运算符、左结合
－	减法	双目运算符、左结合
*	乘法	双目运算符、左结合
/	除法	双目运算符、左结合
%	求余	双目运算符、左结合且左、右均为整数
＋＋	自加1	单目运算符、右结合
－－	自减1	单目运算符、右结合

2.算术表达式

表2.4所示的5种双目运算符中,“*”,“/”和“%”的优先级高,“＋”和“－”的优先级低。如果一个表达式有多种运算符,则要先运算优先级高的运算符,再运算优先级低的运算符,且算术运算要满足从左向右的结合方向。

在某些时候，为了得到特定的某种类型的结果，可以将运算结果强制转换为另外一种类型。强制转换运算符为

（类型说明符）（表达式）

强制转换的功能是将表达式的最后结果的类型强制转换为类型说明符的类型。例如，(float)(3＋2)，表达式(3＋2)的运算结果为 5，是整型数据，经过强制转换之后变为实型数据 5.000000。

3. 算术运算相关程序举例与仿真测试

例 2.5　写出下面程序的输出。

```
main()
{int a,b;
float c;
a=3;
b=4;
c=2.0;
printf("%d\n",a+b);
printf("%d\n",-a+b);
printf("%d\n",b/a);
printf("%d\n",b%a);
printf("%f\n",(float)(b%a));
printf("%f\n",b/c);
printf("%d\n",(int)(b/c));
printf("%d\n",a++);
printf("%d\n",++a);
printf("%d\n",b--);
printf("%d\n",--b);
printf("%d\n", (a++)+(a++)+(a++));
printf("%d\n", (++b)+(++b)+(++b));
printf("%d\n", (a++)+(++b));
}
```

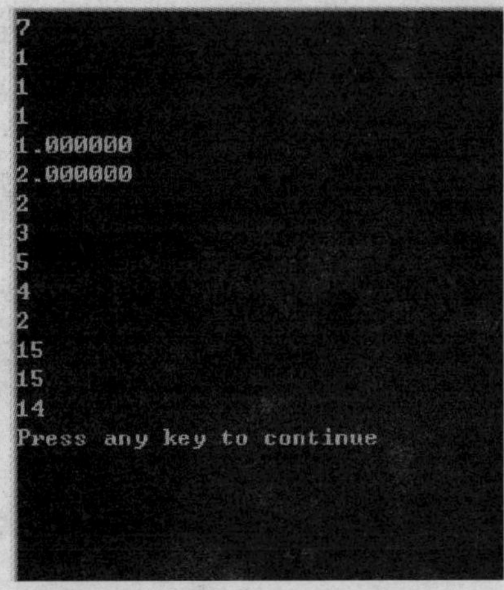

图 2.6　例 2.5 程序的运行结果

程序中语句(float)(b%a)是先求出 b%a 的值 1，再将 1 强制转换为实型 1.000000 进行输出。语句(int)(b/c) 是先求出 b/c 的值 2.000000，再将其强制转换为整型 2 进行输出。语句 a＋＋是先将变量 a 的值输出以后再对 a 进行自加 1 的操作。语句＋＋a 是先将变量 a 的值进行自加 1 的操作，然后再输出。读者可自行分析(a＋＋)＋(a＋＋)＋(a＋＋)，(＋＋b)＋(＋＋b)＋(＋＋b)，(a＋＋)＋(＋＋b)这 3 个语句的输出结果。

例 2.5 程序的运行结果如图 2.6 所示。

2.4.2　赋值运算

1. 简单赋值运算

简单赋值运算符记为"＝"。由"＝ "连接的表达式称为赋值表达式，其功能为给某个变量

赋值。赋值运算符的左边必须是变量，不能是表达式，右边可以是变量也可以是表达式。其一般形式为

变量＝表达式（或变量）

如 a＝b，a＝b＋c 等。

赋值运算符具有右结合性，且赋值表达式的值即为被赋值的变量的值。例如与 a＝b＝c＝2等价的赋值表达式为 a＝(b＝(c＝2))，首先执行 c＝2，将 2 赋值给 c，同时 c＝2 这一赋值表达式的值为 2，再将赋值表达式 c＝2 的值赋值给 b，同理再赋值给 a。该表达式执行完毕之后，变量 a，b，c 的值均为 2。

表达式 a＝(b＝3)＋(c＝5)执行之后，a 的值为 8，b 的值为 3，c 的值为 5。

在一般情况下，为了保证赋值的正确，赋值运算符左、右两边要求数据类型相同。如果赋值运算符的左、右两边的数据类型不相同，则要将赋值表达式右边的值变为与左边变量相同类型之后再进行赋值。一般有以下几种情况：

(1)将实型数据赋值给整型变量时，直接舍去小数。

(2)将整型数据赋值给实型变量时，在整型数据后加小数点，并且在小数点之后补 0，将整型数据变为实型数据之后再赋值给实型变量。

(3)将字符型数据赋值给整型变量时，由于字符型数据只占一个字节，而整型占两个字节，所以将字符型数据的值直接赋值给整型变量的低字节，整型变量的高字节自动补 0。

(4)将整型数据赋值给字符型变量时，将整型数据的低字节赋值给字符型变量，高字节舍去。

例 2.6 求以下程序的输出结果。

```
main(){
    int i,j=258;
    float x,y=287.25;
    char x1='k',x2;
    i=y;
    y=j;
    j=x1;
    x2=i;
    printf("%d,%f,%d,%c\n",i,y,j,x2);
    }
```

语句 i＝y 将实型变量 y 的值先转换为整型，再赋值给 i，所以 i 的值为 287。语句 y＝j 将整型变量 j 的值先转换为实型，再赋值给 y。语句 j＝x1 将字符型变量的值赋值给整型变量 j，因为 x1 的值为‘k’(字符 k 的 ASCII 码值为 107)，用二进制表示 k 的 ASCII 码为 01101011，将此二进制数填入变量 j 的低字节，然后将 j 的高字节补 0，则 j 的内存状态为

00000000	01101011

所以 j 的值为 107。语句 x2＝i 是取整型变量 i 的低字节的值赋值给 x2，i 的当前值为 287，其内存状态为

00000001	00011111

所以 x2 对应的字符的 ASCII 码应该为 31，其字符为“▼”。

例 2.6 程序的输出结果如图 2.7 所示。

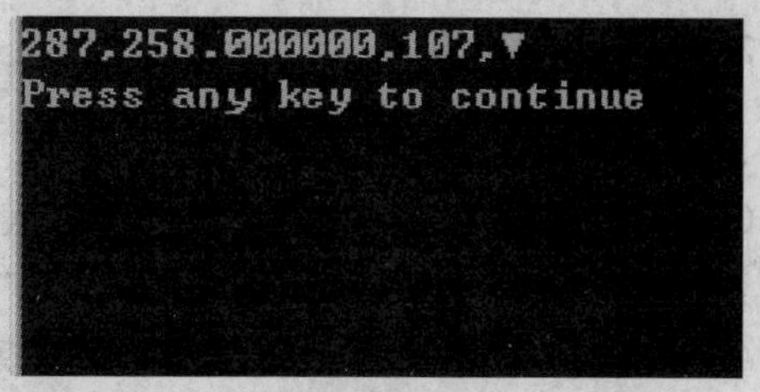

图 2.7　例 2.6 程序的运行结果

2. 复合赋值运算

复合赋值运算符的使用方法如表 2.5 所示。

表 2.5　复合赋值运算符

运算符	举　例	等效表达式
+=	a+=b	a=a+b
-=	a-=b	a=a-b
*=	a*=b	a=a*b
/=	a/=b	a=a/b
%=	a%=b	a=a%b
<<=	a<<=1	a=a<<1
>>=	a>>=1	a=a>>1
&=	a&=b	a=a&b
‖=	a‖=b	a=a‖b

注意　表 2.5 中复合表达式右边的 b 可以是一个变量，也可以是一个表达式。

2.4.3　逗号运算

C 语言中，将两个表达式用“,”连接就组成了逗号表达式，其一般形式为

表达式 1，表达式 2，表达式 3，……，表达式 n

其执行过程为分别求各表达式的值，并将表达式 n 的值作为逗号表达式的值。例如，a=(b=2,c=3,d=4)执行后 a 的值为 4。

例 2.7　求以下程序的输出结果。

```
main()
{int a,b,c,d
b=2;c=3;d=4;
a=(b=2,b=c+d);
printf("%d\n",a);
}
```

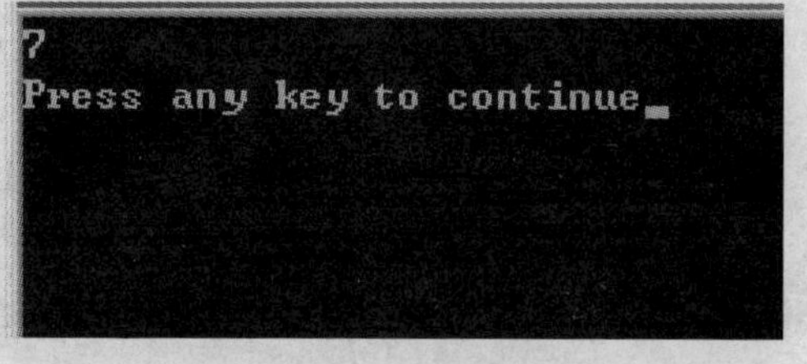

图 2.8　例 2.7 程序的运行结果

语句 a=(b=2,b=c+d)中的“b=2,b=c+d”是一个逗号表达式，分别执行两个语句后，再将 b=c+d 的值作为逗号表达式的值赋值给 a。

例 2.7 程序的运行结果如图 2.8 所示。

2.4.4 关系运算

1.关系运算符及关系表达式

C语言常用的关系运算符及其功能如表2.6所示。用关系运算符组成的表达式的值只有两个:“1”和“0”,其中“1”表示“真”,“0”表示“假”。

表2.6 关系运算符及其功能

关系运算符	功　能	表达式举例	表达式的值
＞	大于	5＞4	1(表达式成立)
		4＞5	0(表达式不成立)
＞＝	大于或等于	4＞＝4	1(表达式成立)
		4＞＝5	0(表达式不成立)
＜	小于	4＜5	1(表达式成立)
		4＜3	0(表达式不成立)
＜＝	小于或等于	4＜＝5	1(表达式成立)
		4＜＝3	0(表达式不成立)
＝＝	等于	3＝＝3	1(表达式成立)
		4＝＝3	0(表达式不成立)
！＝	不等于	4！＝3	1(表达式成立)
		3！＝3	0(表达式不成立)

2.关系运算程序举例与运行测试

例2.8 求以下程序的结果。

```
main()
{
char a＝'a';
int b＝1,c＝2,d＝3;
float m＝97.2;
printf("%d,%d\n",a＜m,b＋c＞＝d＋b);
printf("%d,%d\n",c＜d＜c,d－c＜＝b);
printf("%d,%d\n",b＋c＝＝d＋0,b＋2＝＝d＝＝c＋1);
}
```

语句a＜m中,a的值为97,m的值为97.2,所以该语句成立,结果为‘1’。语句b＋c＞＝d＋b等价于(b＋c)＞＝(d＋b),b＋c的值为3,d＋b的值为4,所以该语句不成立,结果为‘0’。

语句c＜d＜c等价于(c＜d)＜c,c＜d成立,结果为1,而c本身的值为2,所以该语句成立,结果为‘1’。事实上,无论c＜d成立与否,只要c的值大于1,c＜d＜c均成立。

语句b＋c＝＝d＋0等价于(b＋c)＝＝(d＋0),b＋c的值为3,d＋0的值为3,所以该语句成立,结果为‘1’。语句b＋2＝＝d＝＝c＋1等价于((b＋2)＝＝d)＝＝c＋1,显然b＋2＝＝d

成立，所以 b+2==d 的值为‘1’，但 c+1 的值为 3，1==c+1 不成立，所以 b+2==d==c+1 不成立，结果为‘0’，其实只要该式中的 c 的值大于 0，无论 b+2==d 成立与否，b+2==d==c+1 一定不会成立。

例 2.8 程序的运行结果如图 2.9 所示。

```
1,0
1,1
1,0
Press any key to continue
```

图 2.9　例 2.8 程序的运行结果

2.4.5　逻辑运算

1. 逻辑运算符

C 语言常用的逻辑运算符及其功能如表 2.7 所示。

表 2.7　逻辑运算符及其功能

逻辑运算符	功能说明	举　例	结　果
&&	与：双目运算符，左右两个量均为真时，结果才为真	5&&2	1，真
		5&&0	0，假
		0&&3	0，假
		0&&0	0，假
||	或：双目运算符，左右两个量只要有一个量为真，结果就为真	5||2	1，真
		5||0	1，真
		0||3	1，真
		0||0	0，假
！	非：单目运算符，右边的量为真时，结果为假；右边的量为假时，结果为真	！5	0，假
		！0	1，真

注意　逻辑运算时，参与运算的量值为‘0’时表示假，‘非 0’表示真。逻辑运算的结果用‘0’表示假，‘1’表示真。所以对于逻辑运算，5，10，50 等‘非 0’的量均表示真。

逻辑运算符具有左结合性，例如 5&&3&&2 与(5&&3)&&2 是等价的语句。

2. 逻辑表达式

逻辑表达式的一般形式为

表达式(量)　逻辑运算符　表达式(量)

当表达式参与逻辑运算时，表达式的最终计算结果即为表达式的值。

当一个表达式中含有多种运算符时，各种运算符之间的优先级从高到低分别为：!、算术运算符、关系运算符、&& 和||、赋值运算符。

3. 逻辑运算相关程序举例与运行测试

例 2.9　求以下程序的结果。

```
main()
```

```
{
    chara='a';
    int b=1,c=2,d=0;
    float m=30.0,y=34.5;
    printf("%d,%d,%d \n",b&&c,c&&d,c||d);
    printf("%d,%d,%d \n",! d,!! d,!!! d);
    printf("%d,%d\n",b+1&&m/2,a++||c*d);
    printf("%d,%d\n",a%3&&(int)y||(d==0),m/c||! (y/c));
}
```

语句 b&&c 中,b 和 c 的值都不为 0,所以该式成立,结果为'1'。语句 c&&d 中,d 的值为 0,所以该式不成立,结果为'0'。语句 c||d,c 的值不为 0,所以该式成立,结果为'1'。

d 的值为 0,所以! d 的值为 1,!! d 等价于!(! d),值为 0,!!! d 等价于!(!(! d)),值为 1。

语句 b+1&&m/2 中,b+1 的值为 2,m/2 的值为 15.000000,均为非 0,所以 b+1&&m/2 的值为'1'。语句 a++||c*d 中,a++的值为 98,c*d 的值为 0,所以 a++||c*d 的值为'1'。

语句 a%3&&(int)y||(d==0)等价于((a%3)&&(int)y)||(d==0)。a%3 的值为 1,(int)y 的值为 34,所以 a%3&&(int)y 的值为 1,d 的值为 0,d==0 成立,值为 1,所以 a%3&&(int)y||(d==0)成立。其实只要 d==0 成立,则 a%3&&(int)y||(d==0)的值就一定为'1'。语句 m/c||!(y/c)中,m/c 的值为 15.000000,y/c 的值为 17.250000,所以 m/c||!(y/c)的值为'1'。

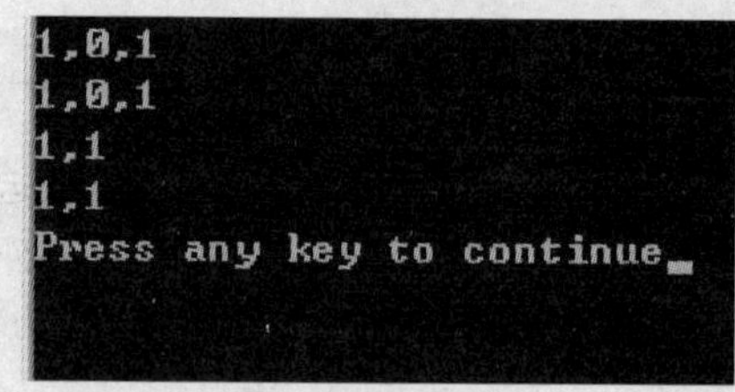

图 2.9　例 2.10 程序的运行结果

例 2.9 程序的运行结果如图 2.10 所示。

本章小结

(1)C 程序中的基础变量类型包括:整型、实型和字符型。读者在学习时要注意掌握每种数据类型的特点、定义方法及使用方法。

(2)C 程序的基础运算包括算术运算、赋值运算、逗号运算、关系运算和逻辑运算。读者在学习时要注意掌握每种运算的运算符、表达式的写法及程序语法错误的检查方法,同时也应注意各种运算的优先级别及与数学中的表达式的写法和区别。

(3)通过本章的学习,读者应能写出简单的程序的运行结果,并能将算出的运行结果与程序的实际运行结果相对比,以便更好地掌握基础知识。

练　习　题

1. 把下列各数用二进制、八进制、十六进制表示。

12　　25　　257　　555

2. 设 a,b,c 和 m 都是 int 型变量,则执行表达式:m=(a=6,b=7,c=8)后,m 的值为(　　)。

(A)6　　(B)7　　(C)8　　(D)21

3. 已知 ch 是字符型变量,下面不正确的赋值语句是(　　)。

(A)ch =6+7　　(B)ch='6+7'　　(C) ch ='\0'　　(D) ch='6'+'7'

4. 设 a,b,c 是 int 型变量,执行表达式 a=b=1,a++,b+1,c=a+b--后,a,b 和 c 的值分别是(　)。

(A)2,1,2　　(B)2,0,3　　(C)2,2,3　　(D)2,1,3

5. 不属于字符型常量的是(　　)。

(A)'A'　　(B)"B"　　(C)'\n'　　(D)'D'

6. 若有定义:inti= 6;float j = 3.1,k=5.2;,则表达式 j+i%5*(int)(j+k)%3/2 的值是(　　)。

(A)4.100000　　(B)　5.100000　　(C) 4.000000　　(D) 3.100000

7. 如定义:int x=6,y=6,Z;,则语句 printf("%d\n",z=(x%y,x/y));的输出结果是(　　)。

(A)0　　(B)1　　(C)2　　(D)3

8. 下面程序的输出结果是(　　)。

```
main()
{int x=8,y=15;
printf("%d%d\n",x++,--y);}
```

(A)8 15　　(B)9 15　　(C)8 14　　(D) 9 14

9. 以下能正确地定义整型变量 a,b 和 c 并为其赋初值 5 的语句是(　　)。

(A)int a=b=c=5　　(B)int a,b,c=5

(C)int a=5,b=5,c=5　　(D)int a=c=b=5

10. 有以下程序:

```
#include
main()
{int   a,b,c=9;
a=c%10%6;
b=(5)&&(-20);
printf("%d,%d\n",a,b); }
```

输出结果是(　　)。

(A) 2,1　　(B) 3,2　　(C) 3,1　　(D) 3,-100

11. 写出下面各逻辑表达式的值(a=2,b=3,c=4)。

(1)a+b>c&&b==c;　　　　　　(2)a||b+c&&b-c;

(3)!(a>b)&&!c||1;　　　　　(4)!(a+b)+c-1&&b+c/2;

(5)!(a>b)&&(y=b)&&0

12.写出下列表达式的值。

x+a%3*(int)(x+y)%2/4(设 x=2.5,a=7,y=4.7)

(float)(a+b)/2+(int)x%(int)y(设 a=2,b=3,x=3.5,y=3.5)

第3章　C程序的基本结构

3.1　结构化程序设计方法

一个结构化程序就是用高级语言表示的结构化算法。用3种基本结构组成的程序必然是结构化的程序，这种程序便于编写、阅读、修改和维护，同时也减少了程序出错的机会，提高了程序的可靠性，保证了程序的质量。

结构化程序设计强调程序设计风格和程序结构的规范化，提倡清晰的结构。怎样才能得到一个结构化的程序呢？如果面临一个复杂的问题，很难一下子写出一个层次分明、结构清晰、算法正确的程序。结构化程序设计方法的基本思路是，把一个复杂问题的求解过程分阶段进行，每个阶段处理的问题都控制在人们理解和处理的范围之内。

具体地说，采取以下方法可以保证得到结构化程序：自顶向下、逐步细化、模块化设计、结构化编码。

在接受一个任务后应怎样着手进行呢？有两种不同的方法：一种是自顶向下，逐步细化；另一种是自下而上，逐步积累。以写文章为例来说明这个问题。有的人胸有全局，先设想好整个文章分成哪几个部分，然后再进一步考虑每一部分分成哪几节，每一节分成哪几段，每一段应包含什么内容，用这种方法逐步分解，直到作者认为可以直接将各小段表达为文字语句为止。这种方法就叫做“自顶向下，逐步细化”。

另一些人写文章时不拟提纲，如同写信一样提起笔就写，想到哪里就写到哪里，直到他认为把想写的内容都写出来为止。这种方法叫做“自下而上，逐步积累”。

显然，用第一种方法考虑周全，结构清晰，层次分明，作者容易写，读者容易看。如果发现某一部分中有一段内容不妥，需要修改，只需找出该部分，修改有关段落即可，与其他部分无关。我们提倡用这种方法设计程序。这就是用工程化的方法设计程序。

读者应当掌握自顶向下，逐步细化的设计方法。这种设计方法的过程是将问题求解由抽象逐步具体化的过程。用这种方法便于验证算法的正确性，在向下一层展开之前应仔细检查本层设计是否正确，只有确保上一层正确才能向下细化。如果每一层设计都没有问题，那么整个算法就是正确的。由于每一层向下细化时都不太复杂，因此容易保证整个算法的正确性。检查时也是由上而下逐层检查，这样做，思路清楚，有条不紊地进行，既严谨又方便。

下面举一个例子来说明这种方法的应用。

例3.1　将1～100之间的素数打印出来。

采用“筛选法”来求素数表。所谓“筛选法”指的是“埃拉托色尼(Eratosthenes)筛选法”。埃拉托色尼是希腊的著名数学家，他采取的方法是，在一张纸上写上1～100的全部整数，然后逐个判断它们是否是素数，找出一个非素数，就把它挖掉，最后剩下的就是素数。

具体方法如下：

(1)先将 1 挖掉(因为 1 不是素数)。

(2)用 2 去除它后面的各个数,把能被 2 整除的数挖掉,即把 2 的倍数挖掉。

(3)用 3 去除它后面的各数,把 3 的倍数挖掉。

(4)分别用 4,5,…作为除数去除这些数以后的数。这个过程一直进行到最后一个除数后面的数已全被挖掉为止。

在这里用自顶向下逐步求精的方法来处理这个问题,即先进行“顶层设计”,把整个算法设计分为 3 步:

A:输入 1~100。

B:把所有非素数去掉。

C:打印全部素数。

随后再对上述的 3 个步骤进行细化。

A 部分可以细化为:

A1:先输入 N(这里,N=100)。

A2:1→I。

A3:I→Xi。

A4:I+1→I。

A5:如果 I<N,转 A3;否则,结束 A。

B 部分可以细化为:

B1:将 Xi 去掉(使 Xi=0)。

B2:2→I。

B3:如果 Xi 未去掉,则将 Xi+1 到 Xn 间全部 Xi 的倍数去掉。

B4:I+1→I。

B5:如果 1<100,转 B3;否则,结束 B。

通过这样的自顶向下,逐步求精的方法,就可以很好地解决算法设计问题。

3.2 顺序结构

3.2.1 赋值语句

在赋值表达式的尾部加上一个“;”号,就构成了赋值语句,也称表达式语句。以下是两点说明:

(1)赋值语句必须在最后出现分号,分号是语句中必不可少的部分,如“X+=10”是表达式,“X+=10;”是赋值语句。

(2)任何赋值表达式都可以加上分号而成为赋值语句。

例 3.2 以下能正确定义且赋初值的语句是(　　)。

(A)int a1=a2=45;　　　　(B)char c=72;

(C)float f=f+4.3;　　　　(D)double x=3.8E7.3;

解析 C 语言中规定,程序中所要用到的变量应该先定义后使用。因此选项 A 和 C 都是错误的。选项 D 中,E 的后面只能为整数,不能是实数,所以 D 也是错误的。只有选项 B 是正确的，char 和 int 是通用的。答案：B。

C 语言的赋值语句除具有其他高级语言中赋值语句的一切特点和功能外，还有它自己的特色：

(1)C 语言中的赋值符号“＝”是作为运算符来看待的，其他高级语言中赋值符号都不是运算符。

(2)其他的高级语言中没有赋值表达式这个概念。作为赋值表达式可以出现在其他表达式能出现的地方，也可以出现在其他表达式之中。例如：

```
if ((x=a+b)! =0)   t=8;
```

上述语句先执行 a＋b 且把它的和赋给变量 x，赋值表达式的值为 x 的值，当 x 不等于 0 时，将 8 赋给变量 t。而在其他语言中，这样的语句必须要分开写。

C 语言的这种表达是基于在 C 语言中无真正的逻辑值，而用 0 和非 0 表示逻辑值。当 (x＝a＋b)！＝0成立时，条件满足，为“真”，而 C 语言中非 0 就是“真”，所以也可以写成 if (x＝a＋b) t＝8;，不管 a＋b 算出的是几，只要是非 0，条件就成立。

C 语言的这种表示方法既灵活，又使程序非常简练，但书写时一定要注意，如写成 if(x＝a＋b;)t＝8;就错了，因为条件语句中条件部分只能是一个表达式而不能是一个语句。

3.2.2　输入和输出函数

输入/输出(I/O)是相对于计算机而言，从计算机向外部输出设备输出数据称为输出，从外部向输入设备输入数据称为输入。

C 语言没有提供专门的输入/输出语句，输入和输出都是由库函数完成的。因此数据的输入和输出要调用输入/输出库函数。在 ANSI C 标准中定义了一组完整的 I/O 操作函数，即 printf 函数和 scanf 函数。它们不是输入/输出语句，printf 和 scanf 不是 C 语言的关键字，而只是函数的名称。

调用这些输入/输出函数时，所需的一些预定义类型和常数都在头部文件“stdio. h”(标准输入/输出)中，因此在调用输入/输出函数时，要用预编译命令“＃include”将头文件包括到源程序中。在程序的前面应加上：

```
#include<stdio.h>
```

或者

```
#include"stdio.h"
```

在讨论输入/输出前，有必要了解流和文件的区别。C 语言 I/O 系统为 C 语言编程者提供了一个统一的接口，与具体的被访问设备无关。也就是说，在编程者和使用设备之间提供了一层抽象的东西，这个抽象的东西就叫做流。具体的实际设备叫做文件。

所有的流具有相同的行为，相当于一个缓冲区，流可分为文字流和二进制流。

一个文字流是一行行的字符。换行符表示这一行的结束。文字流中某些字符的变换由环境工具的需要来决定。例如，一个换行符可以变换为回车换行两个字符。因此所读/写的字符与外部设备中的数据没有一一对应的关系。

一个二进制流是由与外部设备中的数据一一对应的系列字节组成的。使用中没有字符翻译过程，而且所读/写的字节数目也与外部设备中的数目相同。

3.2.3 字符数据的输入和输出

1. putchar 函数(字符输出函数)

putchar 函数可以在屏幕上输出一个字符,该字符可以是字符常量也可以是字符变量。当输出字符变量时,括号中直接写入字符变量名,输出字符常量时必须用单引号将字符常量括起来。函数调用形式为

putchar(ch); 或者 putchar('输出字符');

2. puts 函数(字符串输出函数)

puts 函数可以在屏幕上输出一个字符串,输出字符串必须用双引号括起来。函数调用形式为

puts(s); 或者 puts("字符串常量");

当在程序中要调用 putchar 或 puts 函数时,应包括头文件"stdio.h"。

例 3.3 putchar 函数的应用。

```
#include "stdio.h"
main()
{
char  ch;
ch='d';
putchar('B');
putchar('\n');
putchar(98);
putchar('\n');
putchar(ch);
putchar('\n');
}
```

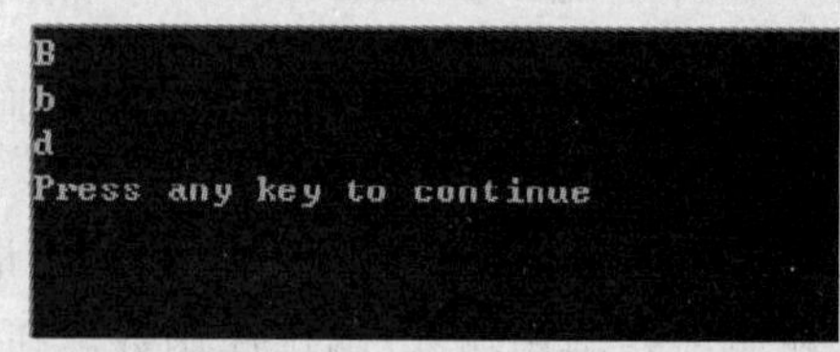

图 3.1 例 3.1 程序的运行结果

输出结果为:

B

b

d

例 3.3 的运行输出如图 3.1 所示。

注意 当函数的参数为整数的时候,编译系统会把它看做相应字符的 ASCII 码,然后输出该字符。同时 ch 也可以是整型变量。

putchar 函数也可以输出其他转义字符,如:

putchar('\101'); (输出字符 A)

putchar('\''); (输出单引号字符)

2. getchar 函数(键盘输入函数)

getchar 函数的作用是从终端输入一个字符,该函数没有参数,函数调用形式为

getchar();

当调用此函数时,系统会等待外部的输入。getchar 函数只能接受一个字符,用 getchar 函

数得到的字符可以赋给一个字符型变量或者整型变量，也可以不赋给任何变量，只是作为表达式的一部分。

当程序要调用getchar函数时，应包括头文件“stdio.h”。

例3.4 getchar()的使用举例。

```
#include "stdio.h"
    main()
    {   char ch;
        ch=getchar();
        putchar(ch);
        putchar('\n');
    }
```

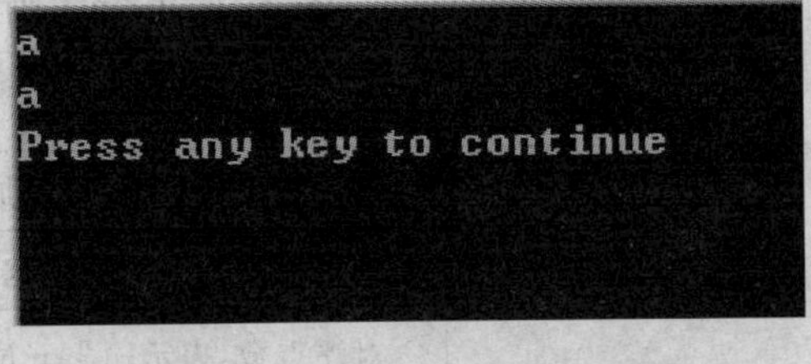

图3.2 例3.4程序的运行结果

当从键盘上输入一个字符时，就会在屏幕上看到该字符的输出。

例3.4的运行输出如图3.2所示。

3.2.4 格式输入和输出

1. printf函数（格式输出函数）

printf函数的作用是向终端输出若干个任意类型的数据。printf函数的一般格式为

printf("格式控制字符串",输出项序列)；

例如printf("a=%d,b=%c",a,b)中，“a=%d,b=%c”称为格式控制字符串，a,b是输出项序列中的输出项，输出项可以是常量、变量或表达式。

printf函数的格式说明：

(1)格式字符。格式说明符由%开头，后接一个格式字符，在此之间可以根据需要插入附加格式字符。格式字符和它们的功能如表3.1所示。

表3.1 printf函数格式字符及其含义

格式字符	含 义
c	输出一个字符
d或i	输出带符号的十进制整数
o	以八进制无符号形式输出整型数(不带前导0)
x或X	以十六进制无符号形式输出整型数(不带前导)，x用于输出小写字母，X用于输出大写字母
u	按无符号的十进制形式输出整型数
f	以带小数点的形式输出单精度和双精度数
s	输出字符串中的字符，直到遇到“\0”，或者输出由精度指定的字符数
p	输出变量的内存地址
e或E	以指数格式输出浮点数，e表示用小写，E表示用大写
g或G	选用%f或者%e格式中宽度较短的一种格式，不输出无意义的0，g表示用小写，G表示用大写

注意 输出时遇到非格式字符时，将非格式字符输出；遇到格式字符时，从输出项序列中找到相应的。

(2)附加格式字符。在%和上述格式之间可以插入如表3.2所示的几种附加符号，它们又称为修饰符。

表3.2 printf函数附加符号说明

格式字符	含 义
l或L	用于输出长整型，可以加在格式符d,o,x,X,u的前面
m或M(正整数)	规定输出数据的最小宽度为m位或M位
m.n或M.N(正整数)	对浮点数，表示输出n位或N位小数；对字符串，表示截取字符串前n位或N位字符
-	输出的数据在域内向左对齐，省略"-"时，向右靠齐
+或省略	输出的数据在域内向右对齐

(3)长度修饰符。长度修饰符加在%和格式字符之间，对于长整型一定要加l(long)，h可用于短整型(short)或无符号短整型数的输出。

例3.5 有如下字符串输出程序：

```
#include "stdio.h"
main()
{
    char str[]="hello world";
    printf("%s\n",str);
    printf("%12s\n",str);
    printf("%-12s\n",str);
    printf("%12.8s\n",str);
    printf("%-12.8s\n",str);
}
```

程序运行后的输出结果为

```
hello world
 hello world
hello world
    hello wo
hello wo
```

例3.5的运行输出如图3.3所示。

```
hello world
 hello world
hello world
    hello wo
hello wo
Press any key to continue
```

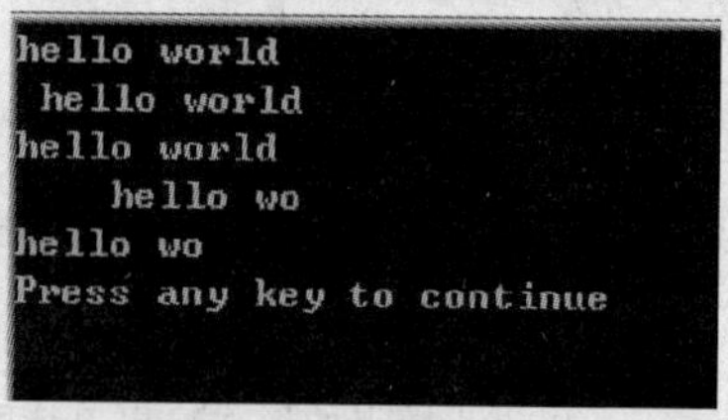

图3.3 例3.5程序的运行结果

例3.6 浮点数的输出。

```
#include "stdio.h"
main()
{
    float s=123.123;
```

```
    printf("%f\n",s);
    printf("%8.2f\n",s);
    printf("%-8.2f\n",s);
}
```

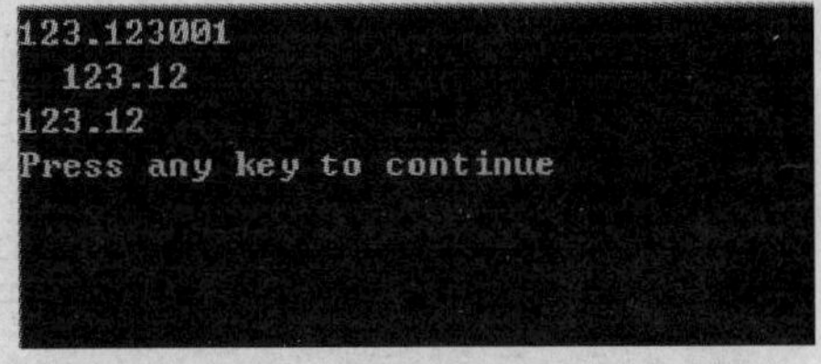

图 3.4　例 3.6 程序的运行结果

程序运行后的输出结果为

```
123.123001
  123.12
123.12
```

例 3.6 的运行输出如图 3.4 所示。

读者可自行分析以下程序的输出结果：

```
#include "stdio.h"
main()
{
    int a=65;
        printf("%d\n",a);
    printf("%c\n",a);
    printf("%x\n",a);
    printf("%f\n",a);
}
```

2. scanf 函数(格式输入函数)

scanf 函数的作用是向终端输出若干个任意类型的数据。scanf 函数的一般格式为

scanf ("格式控制字符串",输入项地址序列)；

"格式控制字符串"的含义与 printf 函数相同;输入项地址序列是由若干个由变量前加 & 号所构成的变量地址组成的序列,各地址按排列次序依次接收转换格式后的读入数据。

注意　scanf 函数中的序列为"输出项地址序列",而非"输出项序列"。

例 3.7　输入数据。

```
#include "stdio.h"
main()
{
    int a,b;
    scanf("%d%d",&a,&b);
    printf("%d %d\n",a,b);
}
```

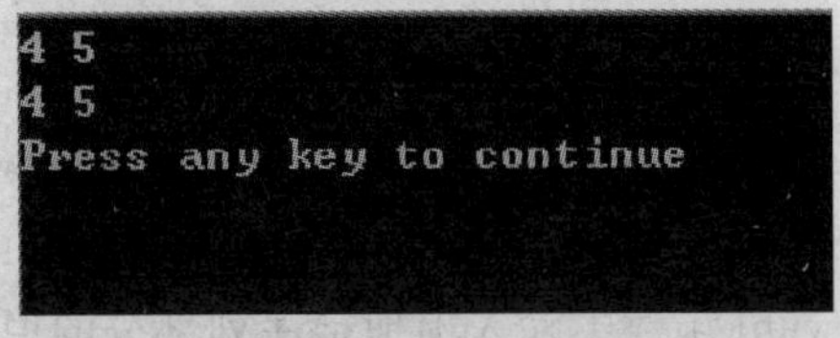

图 3.5　例 3.7 程序的运行结果

"&"指地址运算符,&a 表示取变量在内存中的地址。运行以上程序时输入

4　5<回车>

例 3.7 的运行输出如图 3.5 所示。

和 printf 函数中的格式说明符相似,scanf 函数的格式控制部分以%开始,以一个格式字符结束,中间可以插入附加的字符。scanf 函数的格式说明如下：

(1)scanf 函数常用的格式字符。表 3.3 列出了 scanf 函数常用的格式字符及其含义。

表 3.3　scanf 函数格式字符

格式字符	含　义
d	以带符号的十进制形式输入整数
u	以无符号的十进制形式输入整数
o	以无符号八进制形式输入整数
x	以无符号十六进制形式输入整数
f	以小数形式或指数形式输入实数
c	输入单一字符
s	输入一个字符串

(2)附加格式说明。表 3.4 列出了 scanf 函数的附加字符及其含义。

表 3.4　scanf 函数常用附加字符

附加字符	含　义
l	用于输入长整型数据,如%ld,%lo,%lx,以及 double 型数据,如%lf 或%le
h	用于输入短整型数据,如%hd,%ho,%hx
m(正整数)	用于指定输入数据所占宽度为 m
*	表示该输入项在读入后不赋给相应的变量

(3)使用 scanf 函数应注意以下问题:

1)scanf 函数中各格式说明符在个数、顺序及类型上与地址表列中的变量必须一一对应。

2)如果在格式控制字符中除了格式说明符之外还有其他的字符,那么在输入数据时应输入相应的字符。例如:

```
scanf("%d,%d",&a,&b);
```

那么在输入数据时应以下面的方式输入:

2,3<回车>

3)若想在输入时跳过某个数据,可在%后加一个相应的"*"。

4)输入数据时不能规定精度,例如:scanf("6.2d",&x)是不合法的。

5)scanf 函数不使用%u 说明符,对 unsigned 数据,以%d,%o,%x 输入。

scanf 函数中输入项地址序列部分的说明如下:

(1)scanf 函数中的输入项必须是"地址量",它可以是一个变量的地址,也可以是数组的首地址,但不能够是变量名。

(2)在使用格式说明符"%c"输入一个字符时,凡是从键盘输入的字符,包括空格、回车等均被作为有效字符所接收。

(3)在输入数据时,遇到以下的情况时认为该数据输入结束:

1)按指定的宽度结束,如"%6d",只取 6 列。

2)遇到空格、"Tab"键或回车键。

3)遇到非法输入。

3.3　选择结构

选择结构，又称分支结构，是 C 语言程序设计的 3 种基本结构之一。在一般的程序中都会用到选择结构，而第 2 章里所介绍的关系运算和逻辑运算构成了选择结构的条件表达式。

3.3.1　if 语句

数学中常见分段公式，例如求某数的绝对值，其计算式为

$$y=\begin{cases} x, & x\geqslant 0 \\ -x, & x<0 \end{cases}$$

用语言描述为“若 x 大于或等于 0，则 x 的绝对值为 x 本身，否则为 x 的相反数”，也可描述为“if x>=0，y=x，else y=-x”。将该例用 C 语言的语法描述为

```
if(x>=0) y=x;
else y=-x;
```

上述两个语句“y=x”和“y=-x”在执行时只有一个会执行，为“二选其一”，称为选择结构。

if 语句是选择结构的一种形式，又称条件分支语句，该语句对所给定的条件进行判定，根据判定的结果（真或假）选择执行不同的程序段。在 C 语言中提供了如下 3 种形式的 if 语句。

1. 不含 else 的 if 语句

该语句的形式为

```
if (表达式)
语句
```

圆括号中的表达式一般是关系表达式或逻辑表达式，用于描述选择结构的条件，但也可以是其他任意的数值类型表达式，包括整型、实型、字符型等。

该语句的执行过程是，如果表达式的值为真，则执行语句；否则，不做任何操作，直接去执行 if 语句后面的语句。其流程图如图 3.6 所示。例如：

```
if(a>b)
printf("%d",a);
```

在程序中，如果关系表达式“a>b”成立，则执行语句“printf ("%d",a)”。

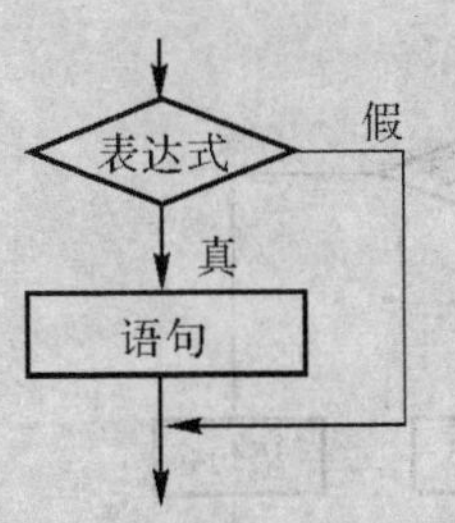

图 3.6　不含 else 的 if 语句流程图

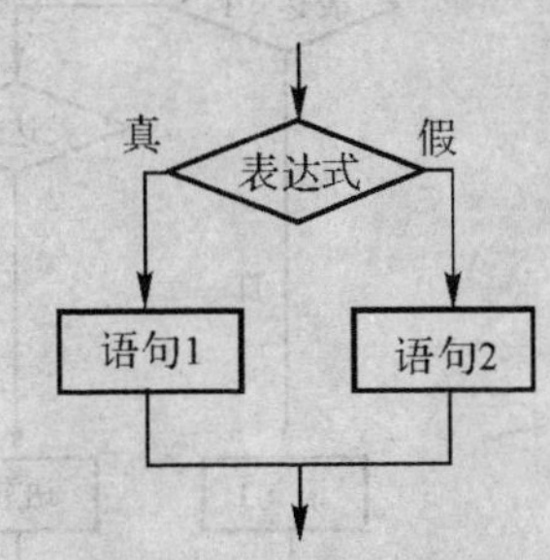

图 3.7　if - else 语句流程图

2. if - else 语句形式

if - else 语句的一般形式为

```
if(表达式)
    语句 1;
else
    语句 2;
```

语句 1 称为 if 子句,语句 2 称为 else 子句。需要说明的是,else 不是一条独立的语句,不能单独存在,它只是 if 语句的一部分,因此在程序中 else 必须与 if 配对。

该语句的执行过程是:首先计算圆括号内的表达式值,若为非 0 值,则执行语句 1,然后脱离 if 语句结构,继续执行下面的语句;否则执行语句 2,然后脱离本选择结构,继续执行下面的语句。这种带 else 子句的 if 语句适合解决双分支选择问题,其流程图如图 3.7 所示。

例如:

```
if(a>b)
    printf("%d",a);
else
    printf("%d",b);
```

在程序中,如果关系表达式“a>b”成立,则执行语句“printf ("%d",a);”,否则执行语句“printf ("%d",b);”。

3. if - else - if 语句形式

if - else - if 语句的一般形式为

```
if(表达式 1) 语句 1;
else if(表达式 2) 语句 2;
……
else if(表达式 n) 语句 n;
else 语句 n+1;
```

该语句的执行过程是,如果表达式 1 的值为真,则执行语句 1;否则,如果表达式 2 的值为真,则执行语句 2;以此类推,如果每条 if 后的表达式都不为真,则执行语句 n+1。该结构可用于解决多分支选择问题,其流程图如图 3.8 所示。

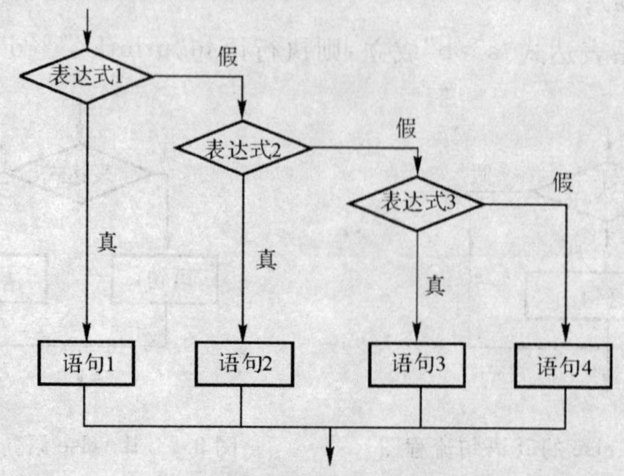

图 3.8 if - else - if 语句流程图

以上 3 种形式的 if 语句中，if 和 else 的后面只能有一个语句，而不能有多个语句。

注意　如果语句是由多个语句组成一个复合语句，需要用符号“{}”括起来。

例 3.8　输入一学生成绩，评定其等级：学习成绩≥90 分的同学用 A 表示，80～89 分之间的用 B 表示，70～79 分之间的用 C 表示，60～69 分的用 D 表示，60 分以下的用 E 表示。

程序如下：

```
# include <stdio.h>
main()
{
    int score;
    char grade;
    scanf ("%d", &score);
    if (score>=90)
        grade='A';
    else if (score>=80)
        grade='B';
    else if (score>=70)
        grade='C';
    else if (score>=60)
        grade='D';
    else
        grade='E';
     printf ("%c\n", grade);
}
```

以上程序执行后，例如当输入

83<回车>

程序的输出结果为

B

图 3.9　例 3.8 程序的运行结果

例 3.8 的运行输出如图 3.9 所示。

3.3.2　if 语句的嵌套

在 if 语句中还可以包含一个或多个 if 语句，这就是 if 语句的嵌套。if 语句二重嵌套的一般形式为

```
if (表达式)
    if (表达式) 语句 1;
    else 语句 2;
else
    if (表达式) 语句 3;
    else 语句 4;
```

注意　嵌套的 if 语句，既可以是 if 语句形式，也可以是 if-else 语句形式，这就会出现多个

if 和多个 else 重叠的情况。此时应当注意 if 和 else 的配对关系，if 和 else 的配对规则为：else 总是与它前一个最近的未配对的 if 配对。

例 3.6 使用 if 语句的嵌套描述下列函数。

$$f(a)=\begin{cases}1, & a>0\\ 0, & a=0\\ -1, & a<0\end{cases}$$

程序分析：如果 if 语句中的表达式为 x>=0，则嵌套的内层 if 语句还需进一步判断是大于 0 还是等于 0，因而程序段可以写成

```
#include "stdio.h"
main()
{
    int a;
    scanf("%d",&a);
    if (a>=0)
      if (a>0)
        printf ("sign=1\n");
      else
        printf ("sign=0\n");
    else
      printf ("sign=-1\n");
}
```

当然该程序也可以写成另外的 if 语句嵌套形式：

```
# include "stdio.h"
main()
{
    int a;
    scanf ("%d",&a);
    if (a>0)
      printf ("sign=1\n");
    else
      if(a==0)
        printf ("sign=0\n");
      else
        printf ("sign=-1\n");
}
```

```
-70
sign=-1
Press any key to continue
```

图 3.10 例 3.9 程序的运行结果

例 3.9 的运行输出如图 3.10 所示。

3.3.3 条件运算符和条件表达式

在上节中，使用 if 语句构成程序中的选择结构，除此之外，C 语言还提供了条件运算符来

构成条件表达式，该表达式构成了简单的选择分支结构。

条件运算符由两个符号"?"和":"组成，它是 C 语言中唯一的一个三目运算符，它要求有 3 个操作对象。条件表达式的一般形式为

表达式 1? 表达式 2:表达式 3

在通常情况下，表达式 1 是关系表达式或逻辑表达式，用于描述条件表达式中的条件，而表达式 2 和表达式 3 可以是其他类型。条件表达式的执行顺序是：先求解表达式 1，若其值为真，则求解表达式 2，整个条件表达式的值即为表达式 2 的值；若表达式 1 的值为假，则求解表达式 3，将表达式 3 作为整个条件表达式的值。

例如，有如下条件表达式：

```
a>b? a:b
```

如果 a>b 成立，则该条件表达式的值为 a，否则为 b。

说明：

(1)条件运算符的优先级低于算术运算符、关系运算符和逻辑运算符，高于赋值运算符和逗号运算符。

(2)条件运算符的结合性为"从右到左"。例如：

```
a>b? a:b>c? b:c
```

应理解为

```
a>b? a:(b>c? b:c)
```

这也就是条件表达式嵌套的情形，即其中的表达式 3 又是一个条件表达式。

(3)条件表达式中 3 个表达式的类型可以不同，当表达式 2 与表达式 3 类型不同时，条件表达式值的类型为二者中较高的类型。

例 3.10　求输入的 3 个变量中的最小值。

```
#include <stdio.h>
main()
{int a,b,c,m1,min;
 scanf ("%d%d%d",&a,&b,&c);
 m1=a<b? a:b;
 min=c<m1? c:m1;
 printf("min=%d\n",min);
}
```

输入：

4　5　12

运行结果：

min=4

例 3.10 的运行输出如图 3.11 所示。

```
4 5 12
min=4
Press any key to continue
```

图 3.11　例 3.10 程序的运行结果

3.3.4　switch 语句

if 语句常用于解决两种情况的选择问题。要表示两种以上的条件选择，可采用 if 语句的嵌套形式，但如果嵌套层次太多则会降低程序的可读性。C 语言提供了 switch 语句，又称为

开关语句,用于处理多分支选择结构，其一般形式为

```
switch(表达式)
{
    case 常量表达式 1:语句 1;
      break;
    case 常量表达式 2:语句 2;
      break;
    ……
    case 常量表达式 n:语句 n;
      break;
    [default:语句 n+1;
      break;]
}
```

其中,方括号括起来的内容是可选项。

switch 语句的执行过程是:首先计算出 switch 后面圆括号中表达式的值,然后逐个与其后的常量表达式值相比较,当表达式的值与某个常量表达式的值相等时,即执行其后的语句,执行后遇 break 语句就退出 switch 语句;若表达式的值与所有 case 后的常量表达式均不相同,则执行 default 后面的语句,执行后退出 switch 语句。

说明:

(1)switch 后的表达式和 case 后的常量表达式必须为整型、字符型或枚举型,不能为浮点型。

(2)case 后的语句序列可以是一条语句,也可以是多条语句,此时多条语句不必用花括号括起来。

(4)case 和 default 的次序可以交换,也就是说,default 可以位于 case 前面。

(5) 在 case 后的各常量表达式的值不能相同,否则会出现错误。

注意 break 语句不是必须加上的,在执行完一个 case 后面的语句后,若没有遇到 break 语句,就自动进入下一个 case 语句继续执行,而不再判断是否与之相配,直到遇到 break 语句或执行完 switch 语句才停止执行。因此,若想执行一个 case 分支后立即跳出 switch 语句,就必须在此分支的最后添加一个 break 语句。

例 3.11 编写程序输入数字输出相应英文星期名。

```
#include <stdio.h>
main()
{
    int x;
    printf("input integer number:      ");
    scanf("%d",&x);
    switch (x)
    { case 1:printf("Monday\n");break;
      case 2:printf("Tuesday\n"); break;
```

```
input integer number:    6
Saturday
Press any key to continue
```

图 3.12 例 3.11 程序的运行结果

```
        case 3:printf("Wednesday\n");break;
        case 4:printf("Thursday\n");break;
        case 5:printf("Friday\n");break;
        case 6:printf("Saturday\n");break;
        case 7:printf("Sunday\n");break;
        default:printf("error\n");
    }
}
```

例 3.11 的运行输出如图 3.12 所示。

3.4 循环结构

在编写程序时，经常会遇到需要重复执行同一条语句或同一段程序的问题。重复执行同一条语句或同一段代码被称为循环。C 语言中提供了解决此类问题的方法，可以利用 goto 语句、while 循环语句、do－while 循环语句和 for 循环语句来实现程序的重复执行。

3.4.1 goto 语句以及用 goto 语句构成循环

goto 语句称为无条件转向语句，它需要与标号配合使用，一般形式为

```
goto 标号;
……
标号:语句
……
```

语句标号不必加以特殊定义，它可以是任意合法的标识符，当在标识符后面加一个冒号，如"flag1""stop1"，则该标识符就成了一个语句标号。标号的命名规则和变量相同。

通常，语句标号用于 goto 语句的转向目标，当程序执行到 goto 语句时，改变程序自上而下的执行顺序，转而执行语句标号指定的语句，并继续从该语句向下顺序执行程序。

注意　与 goto 语句配合使用的标号只能存在于该 goto 语句所在的函数内，并且唯一。不可以利用 goto 语句将执行的流程从一个函数中转移到另一个函数中去，但允许多个 goto 语句转向同一标号。

例 3.12　求 1＋2＋3＋…＋100 的累加和。

```
#include <stdio.h>
main()
{
    int i=1;
    int sum=0;
    L:if(i<=100)
        {
            sum=sum+i;
            i++;
```

```
            goto L;
        }
    printf("sum=%d\n",sum);
}
```

运行结果：

sum=5050

```
sum=5050
Press any key to continue
```

图 3.13　例 3.12 程序的运行结果

例 3.12 的运行输出如图 3.18 所示。

提示　goto 语句会扰乱程序的执行顺序，因此，对于 goto 语句尽量少用或者不用。

3.4.2　while 循环语句

由 while 语句构成的循环结构也称“当型”循环结构。while 循环语句的一般形式为

```
while (表达式)
    语句;
```

while 循环语句的执行过程如下：

(1)首先计算表达式的值是否为 0，如果为 0，则结束执行 while 循环语句，继续执行 while 循环语句的后继语句；如果表达式的值为非 0，则执行(2)。

(2)执行 while 循环语句的内嵌语句，然后执行(1)。

while 循环语句的执行流程如图 3.14 所示。

以下是该循环的几点说明：

(1)while 后的表达式，可以是 C 语言中任意合法的表达式。当表达式的值为 0 时，表示条件为假；反之，表示条件为真。

(2)循环语句可以是简单的可执行语句，也可以是复合语句。

(3)若第一次运行时表达式的值为 0，则循环语句一次都不执行，流程直接转到 while 后的下一条语句执行。

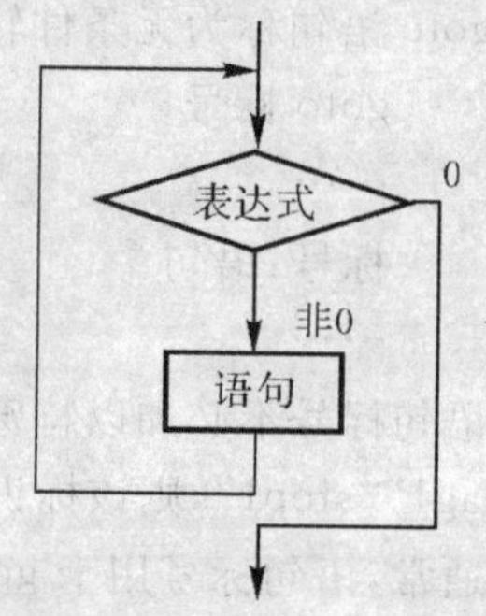

图 3.14　while 循环语句的执行流程

注意　进入 while 循环后，一定要有能使表达式的值变为 0 的操作，否则，循环将会无限制地执行下去，即进入死循环。这在程序设计中是不允许出现的。

例 3.13　使用 while 循环求 1+2+3+…+100 的累加和。

```
#include<stdio.h>
main()
  {
    int i=1,sum=0;
    while (i<=100)
      {
        sum=sum+i;
        i++;
      }
```

```
    printf ("sum=%d\n",sum);
}
```

3.4.3　do-while 循环语句

由 do-while 语句构成的循环也称“直到型”循环结构，它的一般形式为

```
do
    语句;
while (表达式);
```

do-while 循环语句的执行过程如下：

(1)首先执行位于关键字 do 和 while 之间的内嵌语句。

(2)计算表达式，如果该表达式的值为非 0，则转到(1)继续执行；如果表达式的值为 0，则结束执行 do-while 循环语句，继续执行后继语句。

do-while 循环语句的执行流程如图 3.15 所示。

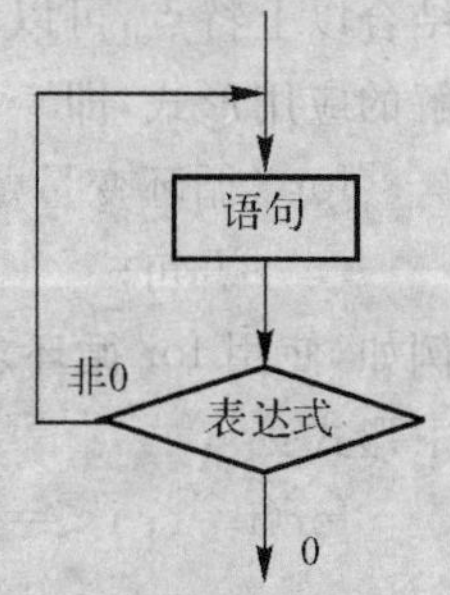

图 3.15　do-while 循环语句的执行流程

以下是该循环的几点说明：

(1)在 while 表达式后的分号“;”不可丢，它表示 do-while 语句的结束。

(2)在 do-while 循环语句中首先执行循环体，然后计算表达式检查循环条件，所以循环体至少被执行一次。

(3)do-while 之间的语句也称为循环体，它可以是一条可执行语句，也可以是由“{}”构成的复合语句。

(4)do-while 循环先执行语句，后判断表达式的值，故又称为“直到型”循环结构。

例 3.14　使用 do-while 循环求 1+2+3+…+100 的累加和。

```
#include<stdio.h>
main()
  {
    int i=1,sum=0;
    do {
        sum=sum+i;
        i++;
       }
    while(i<=100);
    printf ("sum=%d\n",sum);
}
```

运行结果：

```
sum=5050
```

3.4.4　for 循环语句

for 循环语句的一般形式为

```
for (表达式 1;表达式 2;表达式 3)
        语句;
```

表达式 1 一般为赋值表达式,用于在进入循环之前给循环变量赋初值;表达式 2 一般为关系表达式或逻辑表达式,用于循环的条件判定,它与 while,do - while 循环中的表达式作用完全相同;表达式 3 一般为赋值表达式或自增、自减表达式,用于改变循环变量的值;for 循环中的内嵌语句也称为循环体,循环体可以是单语句,也可以是复合语句。

for 循环语句的执行过程如下:

(1)计算表达式 1。

(2)计算表达式 2,如果表达式 2 的值为非 0,则执行内嵌语句,计算表达式 3,然后重复第(2)步;如果表达式 2 的值为 0,则结束执行 for 循环语句,执行 for 循环语句的后继语句。

for 循环语句的执行流程如图 3.16 所示。

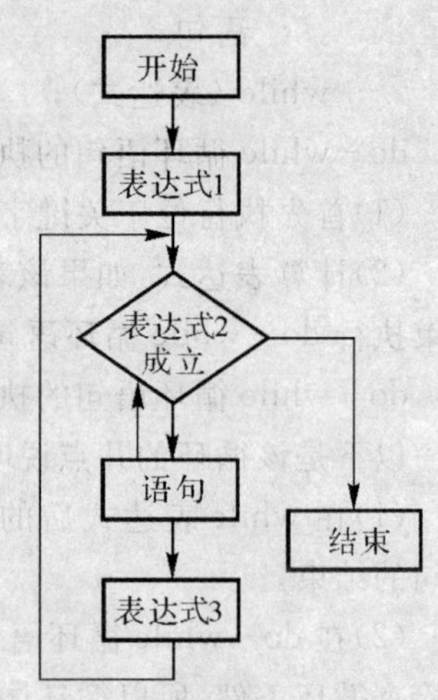

图 3.16 for 循环执行流程

结合以上特点,可以将 for 循环语句描述成最简单也是最容易理解的应用形式,即

```
for (循环变量赋初值;循环条件;循环变量增量)
        语句;
```

例如,使用 for 循环求 1+2+3+…+100 的累加和可以写成如下形式:

```
for(i=1; i<=100; i++)
  sum=sum+i;
```

先给 i 赋初值 1,判断 i 是否小于或等于 100, 若是则执行循环体语句,之后值增加 1。再重新判断, 直到条件为假,即 i>100 时,结束循环。相当于:

```
i=1;
while(i<=100)
    {
        sum=sum+i;
        i++;
    }
```

因此,对于 for 循环语句的一般形式,可以换成如下的 while 循环形式:

```
表达式 1;
while (表达式 2)
    {
        语句;
        表达式 3;
    }
```

关于 for 循环有以下几点说明:

(1)for 循环中的“表达式 1”“表达式 2”和“表达式 3”都是可选项, 即可以缺省,但“;”不能缺省。

(2)省略了“表达式 1”, 应在 for 语句之前给循环变量赋初值。

(3)省略了“表达式 2”，则表示表达式 2 的值始终为真，循环将无终止地进行下去。

例如：

```
for(i=1;;i++)sum=sum+i;
```

相当于

```
i=1;
while(1)
{
    sum=sum+i;
    i++;
}
```

注意　为防止程序进入死循环，for 循环一般不允许省略“表达式 2”。

(4)省略了“表达式 3”，此时也将产生一个无穷循环。因此，程序设计者应另外设法保证循环能正常结束，例如，可以在循环语句中加入变量的修改部分。

例如：

```
for(i=1;i<=100;)
{
    sum=sum+i;
    i++;
}
```

(5)同时省略“表达式 1”和“表达式 3”，也即省略了循环的初值和循环变量的修改部分，此时完全等价于 while 语句。

例如：

```
for(;i<=100;)
{
    sum=sum+i;
    i++;
}
```

相当于

```
while(i<=100)
{
    sum=sum+i;
    i++;
}
```

(6)同时省略 3 个表达式，即

```
for(;;)语句
```

相当于

```
while(1)语句
```

此时省略了赋循环变量的初值，循环变量始终为真，不修改循环变量，故循环将无终止进行下去。

(7)表达式1和表达式3可以是一个简单表达式,也可以是逗号表达式。在逗号表达式内按自左至右求解,整个表达式的值为其中最右边表达式的值。例如:

```
for(sum=0,i=1;i<=100;i++, sum=sum+i;)
```

相当于

```
for(i=1;i<=100;i++)
    sum=sum+i;
```

(8)表达式2一般是关系表达式或逻辑表达式,但也可以是数值表达式或字符表达式,只要其值非0,就执行循环体。

可以看出,for循环语句是C语言中使用最灵活的语句。

3.4.5 几种循环语句的比较

goto语句、while语句、do-while语句和for语句的比较如下:

(1)4种循环一般可以互相代替,例如用4种循环方法都实现了"求1+2+3+…+100的累加和",但通常不提倡用goto语句实现循环。

(2)while和do-while循环,都在while后面指定循环条件,在循环体中应包含使循环趋于结束的语句(如i++,i=i+1等)。

for循环可以在表达式3中包含使循环趋于结束的操作,甚至可以将循环体中的操作全部放到表达式3中。因此,for语句的功能最强,完全可以替代while循环语句。

(3)用while和do-while循环时,循环变量初始化的操作应在while和do-while语句之前完成,而for语句可以在表达式1中实现循环变量的初始化。

(4)为了防止出现"死循环",while和do-while循环语句的循环体中一般应包括改变表达式中循环控制变量值的语句,以便使循环操作趋于结束;而for循环语句通常是在"表达式3"中包含改变循环控制变量的值,进而使循环趋于结束。

3.4.6 循环的嵌套

一个循环语句中的循环体中又包含循环语句,称之为循环嵌套。循环嵌套可以是两层或多层。while,do-while和for循环除各自本身可以循环嵌套外,它们之间也可以互相嵌套。例如:

(1)
```
while ()
{   ……
    while ()
    {……}
}
```

(2)
```
do
{   ……
    do
    {……
    }while ();
}while ();
```

(3)
```
for (; ;)
{   ……
    for (; ;)
    {……}
}
```

(4)
```
while ()
{   ……
    do
    {……
    }while;
```

```
                                                 }
(5)while ()                                      (6)do
   {  ……                                            {  ……
      for (; ;)                                        for (; ;)
      {……}                                             {……}
   }                                                }while ();
```

```
(7)for (; ;)
   {  ……
      do
      {……
      }while;
   }
```

使用嵌套时,需注意一个循环结构应完整地嵌套在另一个循环体内,不允许循环体间交叉。嵌套的外层循环与内层循环的循环控制变量不能同名,但并列的同层循环允许有同名的循环控制变量。例如,有以下程序:

```
for (i=1;i<=10;i++)
  {
     for(j=0;j<=5;j++)
       {……}
     for(j=0;j<=5;j++)
       {……}
  }
```

该程序是正确的。但如果将两个并列的同层循环语句之一的循环控制变量j改写成i,则该程序运行结束,其运行结果是不可信的。这是因为,内外层循环控制变量同名破坏了外层for循环原有的循环次序。

例3.15　有以下程序:

```
#include<stdio.h>
main()
{
  int i, j, k;
  printf("i j k\n");
  for (i=0; i<1; i++)
     for(j=0; j<2; j++)
        for(k=0; k<3; k++)
          printf("%d %d %d\n", i, j, k);
}
```

```
i j k
0 0 0
0 0 1
0 0 2
0 1 0
0 1 1
0 1 2
Press any key to continue
```

图3.17　例3.15程序的运行结果

例3.15的运行输出如图3.17所示。

请读者自行分析该循环嵌套的执行顺序。

3.4.7 break 和 continue 语句

1. break 语句

在前面已经介绍过，使用 break 语句可以使流程跳出 switch 语句体，在循环结构中，也可以使用 break 语句使流程跳出本层循环体，从而提前结束本层循环。

break 语句的一般形式为

break;

关于 break 语句的几点说明如下：

(1)break 语句只能出现在 switch，for，while 和 do - while 共 4 种语句之中。

(2)break 语句只能跳出一层循环，即从当前循环层中跳出。如果循环嵌套，要跳出多层循环，可使用 goto 语句。

(3)break 语句只能用于循环体内，不能用于循环结构的其他位置，如"for (i=1; i<10; i++, break)"是不正确的。

例 3.16 输入一个整数并判断是否为素数。

分析 素数是指除了能被 1 和自身外，不能被其他整数整除的自然数。判断整数 n 是否为素数的基本方法是将 n 分别除以 2，3，…，n−1，若都不能整除，则 n 为素数。事实不必除那么多次，因为 n=sqrt(n) * sqrt(n)，所以，当 n 能被大于或等于 sqrt(n)的整数整除时，一定存在一个小于或等于 sqrt(n)的整数，使 n 能被它整除，因此，只要判断 n 能否被 2，3，…，sqrt(n)整除即可。程序如下：

```
#include<math.h>
#include<stdio.h>
main()
{
int n,j,i;
i=1;
scanf("%d",&n);
j=sqrt(n);
while(++i<=j)
{
    if(n%i==0)
    {
        printf("%d 不是素数\n",n);
        break;
    }
}
if(i>=j+1)
printf("%d 是素数\n",n);
}
```

```
17
17是素数
Press any key to continue
```

图 3.18 例 3.16 程序的运行结果

例 3.16 的运行输出如图 3.18 所示。

2. continue 语句

continue 语句的一般形式为

continue;

同 break 语句一样，continue 语句只能用在循环体中。但 break 语句是跳出循环体，从而使程序执行循环体以后的程序，而 continue 语句的功能是结束循环体的本次执行，即跳过循环体中下面尚未执行的语句，继续进行下一次是否执行循环体的检查判断，也就是说，执行 continue 语句并没有使整个循环终止。

对于 while 语句和 do－while 语句，遇 continue 语句后，转向执行 while 之后圆括号内的条件表达式的判断；对 for 语句，遇 continue 语句后，转向执行表达式 3。

例 3.17　从键盘输入 10 个字符，统计其中数字字符的个数。

```
#include<stdio.h>
main()
{
int i,sum;
i=0,sum=0;
char a;
for(i=0;i<10;i++)
    {
        a=getchar();
        if(a<'0'||a>'9')
            continue;
            ++sum;
    }
printf("sum=%d\n",sum);
}
```

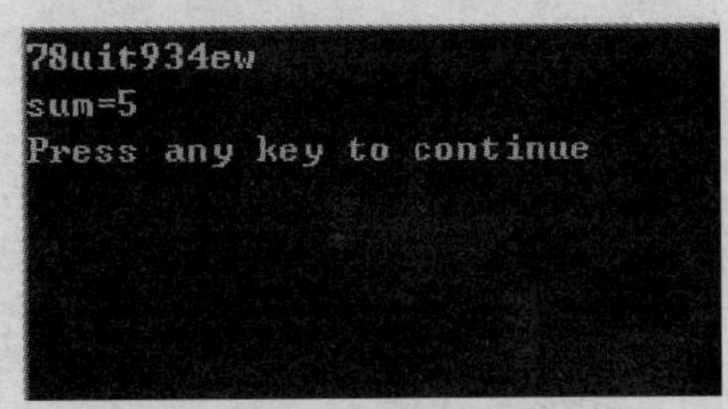

图 3.19　例 3.17 程序的运行结果

例 3.17 的运行输出如图 3.19 所示。

3.5　程序举例

3.5.1　顺序结构程序应用举例与运行测试

例 3.18　用‘*’号输出字母 E 的图案。

分析　可先用‘*’号在纸上写出字母 E，再分行打印输出。

程序源代码：

```
# include "stdio.h"
main()
{
printf("Hello E-world! \n");
printf(" ********\n");
```

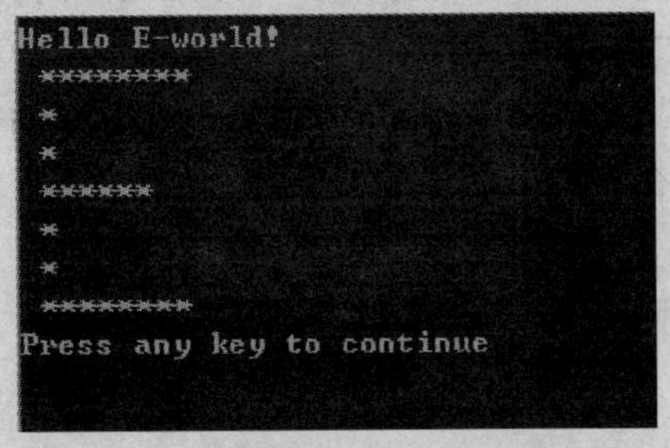

图 3.20　例 3.18 程序的运行结果

```
printf(" *\n");
printf(" *\n");
printf(" * * * * * *\n");
printf(" *\n");
printf(" * \n");
printf(" * * * * * * * *\n");
}
```

例 3.18 的运行输出如图 3.20 所示。

3.5.2　分支结构程序应用举例与运行测试

例 3.19　输入 3 个整数 a,b,c,请把这 3 个数由小到大输出。

分析　可以想办法把最小的数放到 a 上,先将 a 与 b 进行比较,如果 a>b 则将 a 与 b 的值进行交换,然后再用 a 与 c 进行比较,如果 a>c 则将 a 与 c 的值进行交换,这样能使 a 最小。

程序源代码:

```
# include "stdio. h"
main()
{
int a,b,c,t;
scanf("%d%d%d",&a,&b,&c);
if (a>b)
{t=a;a=b;b=t;} /*交换 a,b 的值*/
if(a>c)
{t=c;c=a;a=t;}/*交换 a,c 的值*/
if(b>c)
{t=b;b=c;c=t;}/*交换 c,b 的值*/
printf("由小到大排列: %d %d %d\n",a,b,c);
}
```

```
56 78 23
由小到大排列: 23 56 78
Press any key to continue
```

图 3.21　例 3.19 程序的运行结果

例 3.19 的运行输出如图 3.21 所示。

例 3.20　企业发放的奖金根据利润提成。利润(Profit)低于或等于 20 万元时,奖金可提 10%;利润高于 20 万元,低于 30 万元时,低于 20 万元的部分按 10%提成,高于 20 万元的部分可提成 8%;30 万元到 40 万元之间时,高于 30 万元的部分,可提成 6%;40 万元到 60 万元之间时高于 40 万元的部分可提成 4%;60 万元到 100 万元之间时,高于 60 万元的部分,可提成 2%,高于 100 万元时,超过 100 万元的部分按 1%提成,从键盘输入当月利润 Profit,求应发放奖金总数。

程序源代码:

```
# include "stdio. h"
main()
{
long int profit;
```

```
int bonus20,bonus30,bonus40,bonus60,bonus100,bonus;
scanf("%ld",&profit);
bonus20=200000*0.1;
bonus30=bonus20+100000*0.08;
bonus40=bonus30+100000*0.06;
bonus60=bonus40+200000*0.04;
bonus100=bonus60+400000*0.02;
if(profit<=200000)
    bonus=profit*0.1
else if(profit<=300000)
    bonus=bonus20+(profit-100000)*0.08;
else if(profit<=400000)
    bonus=bonus30+(profit-200000)*0.06;
else if(profit<=600000)
    bonus=bonus40+(profit-400000)*0.04;
else if(profit<=1000000)
    bonus=bonus60+(profit-600000)*0.02;
else
    bonus=bonus100+(profit-1000000)*0.01;
printf("bonus=%d",bonus);
}
```

```
450000
bonus=36000Press any key to continue
```

图 3.22　例 3.20 程序的运行结果

例 3.20 的运行输出如图 3.22 所示。

例 3.21　编写程序判断日期，根据所输入的第一个字母来判断一下是星期几，如果第一个字母一样，则依次判断第二或第三个字母。

分析　该程序适合使用循环语句，若输入的日期第一个字母一样，则在该循环语句分支中继续使用 if 语句进行判断。

程序源代码：

```
#include <stdio.h>
void main()
{
char day;
printf("请输入第一个字符(大写)\n");
while ((day=getchar())!='X')/*当所按字母为 X 时才结束*/
{
    switch (day)
{
case 'S':printf("请输入第二个字符\n");
if((day=getchar())=='a')
printf("Saturday\n");
```

```
else if ((day=getchar())=='u')
printf("Sunday\n");
else printf("Error! \n");
break;
case 'F':printf("Friday\n");break;
case 'M':printf("Monday\n");break;
case 'T':printf("请输入第二个字符\n");
if((day=getchar())=='u')
printf("Tuesday\n");
else if ((day=getchar())=='h')
printf("thursday\n");
else printf("Error! \n");
break;
case 'W':printf("Wednesday\n");break;
}
}
}
```

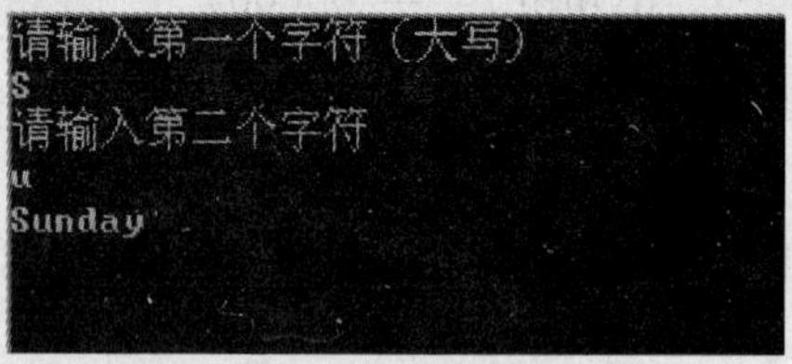

```
请输入第一个字符（大写）
S
请输入第二个字符
u
Sunday
```

图 3.23　例 3.21 程序的运行结果

例 3.21 的运行输出如图 3.23 所示。

3.5.3　循环结构程序举例与运行测试

例 3.22　编一程序，显示出所有的水仙花数。所谓水仙花数，是指一个 3 位数，其各位数字 3 次方之和等于数字本身。例如，153 是水仙花数，因为：$153=1^3+5^3+3^3$。

分析　利用 for 循环控制 100～999 个数，每个数分解出个位，十位，百位。

程序源代码：

```
#include <stdio.h>
main()
{
int i,hundred,ten,one;
printf("水仙花数分别是:\n");
for(i=100;i<1000;i++)
{
hundred=i/100;/*求出百位数*/
ten=i/10%10;/*求出十位数*/
one=i%10;/*求出个位数*/
if (hundred*100+ten*10+one==hundred*hundred*hundred+ten*ten*ten
  +one*one*one)
{
printf("%-5d",i);
}
```

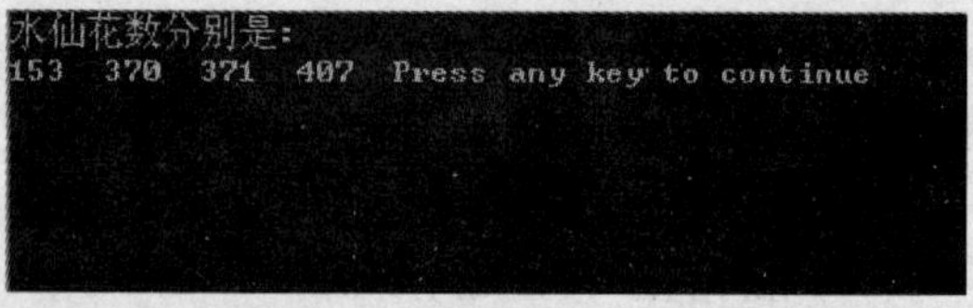

```
水仙花数分别是:
153  370  371  407  Press any key to continue
```

图 3.24　例 3.22 程序的运行结果

```
    }
}
```

例 3.22 的运行输出如图 3.24 所示。

例 3.23　打印由数字组成的如图 3.25 所示的菱形图案。

```
    1
   222
  33333
 4444444
555555555
 4444444
  33333
   222
    1
```

图 3.25　数字组成的菱形图案

分析　该程序利用双重 for 循环,第一层控制打印行数,第二层控制打印个数和打印内容。

程序源代码:

```
#include <stdio.h>
main()
{
int i,j,k;
for(i=1;i<=5;i++)
{
for(j=1;j<=5-i;j++)
printf(" ");
for(k=1;k<=2*i-1;k++)
printf("%d",i);
printf("\n");
}
for(i=1;i<=4;i++)
{
for(j=1;j<=i;j++)
printf(" ");
for(k=1;k<=9-2*i;k++)
printf("%d",5-i);
printf("\n");
}
}
```

```
    1
   222
  33333
 4444444
555555555
 4444444
  33333
   222
    1
Press any key to continue
```

图 3.26　例 3.23 程序的运行结果

例 3.23 的运行输出如图 3.26 所示。

例 3.24 输入一行字符,分别统计出其中数字、空格、英文字母和其他字符的个数。

分析 利用 while 语句控制字符的输入,条件为输入的字符不为'\n'。

程序源代码:

```
#include "stdio.h"
main()
{  char c;
   int letter=0,space=0,number=0,others=0;
   printf("please input one sentence\n");
   while((c=getchar())!='\n')
   {
   if(c>='0'&&c<='9')
     letter++;
   else if(c==' ')
     space++;
       else if(c>='a'&&c<='z'||c>='A'&&c<='Z')
             number++;
          else
             others++;
   }
 printf("letter=%d space=%d number=%d others=%d\n",letters,space,
number,others);
 }
```

例 3.24 的运行输出如图 3.27 所示。

```
please input one sentence
a practical coursebook on 21st century university
letter=41 space=6 number=2 others=0
Press any key to continue
```

图 3.27 例 3.24 程序的运行结果

本章小结

(1)本章首先介绍了结构化程序设计方法及其算法表示方法,对于初学程序设计的读者来说可能认识不到算法的重要性,其实算法是程序设计的灵魂,因为要编写一个好的程序,首先要设计好的算法。即便是一个简单程序,在编写时也要考虑先做什么,再做什么,最后做什么。

(2)从程序执行的流程来看,程序可分为 3 种最基本的结构:顺序结构、分支结构和循环结构。C 语言中没有提供专门的输入/输出语句,所有的输入/输出都是由调用标准库函数中的输入/输出函数来实现的。

scanf 和 getchar 函数是输入函数,接收来自键盘的输入数据。scanf 是格式输入函数,可按指定的格式输入任意类型数据;getchar 函数是字符输入函数,只能接收单个字符。

printf 和 putchar 函数是输出函数，向显示器屏幕输出数据。printf 是格式输出函数，可按指定的格式显示任意类型的数据。putchar 是字符输出函数，只能输出单个字符。

(3)C 语言提供了多种形式的条件语句以构成分支结构。

1)不带 else 的 if 语句主要用于单向选择。

2)if－else 语句主要用于双向选择。

3)if－else－if 语句和 switch 语句用于多向选择。

这几种形式的条件语句一般来说是可以互相替代的。

(4)C 语言提供了 4 种循环语句。

1)goto 语句称为无条件转向语句，它需要与标号配合使用。

2)for 语句主要用于给定循环变量初值、步长增量以及循环次数的循环结构。

3)循环次数及控制条件要在循环过程中才能确定的循环可用 while 或 do－while 语句。

4)循环语句可以相互嵌套组成多重循环。循环之间可以并列但不能交叉。

5)可用 break 和 continue 转移语句把流程转出循环体外，但不能从外面转向循环体内。

6)在循环程序中应避免出现死循环，即应保证循环变量的值在运行过程中可以得到修改，并使循环条件逐步变为假，从而结束循环。

练　习　题

一、选择题

1. 以下能正确定义且赋初值的语句是(　　)。

(A) inta1＝a2＝10　　(B) char c＝36；

(C) float f＝f＋1.2；　　(D) double x＝12.7E2.5

2. 有以下程序，其中％u 表示按无符号整数输出：

```
main()
{      unsigned int x＝0xFFFD;
       pirntf ("％u\n",x);
}
```

程序运行后的输出结果是(　　)。

(A) －1　　(B) 65533　　(C) 32767　　(D) 0xFFFD

3. 有以下程序：

```
main()
{      int a1＝0, a2＝0;
       a1＝10;
       a2＝20;
       printf (a1＋a2＝％d\n, a1＋a2);
}
```

程序运行后的输出结果是(　　)。

(A) a1＋a2＝10　　(B) a1＋a2＝30　　(C) 30　　(D) 出错

4.以下叙述中错误的是(　　)。

(A)调用 printf 函数时,必须要有输出项

(B)调用 putchar 函数时,必须在之前包含头文件 stdio.h

(C)在 C 语言中,整数可以以十进制、八进制或十六进制的形式输出

(D)调用 getchar 函数读入字符时,不能从键盘上输入字符所对应的 ASCII 码

5.设有定义:"int a; float b;",执行"scanf ("%2d%f", &a, &b);"语句时,若从键盘输入"123456.0"后回车,a 和 b 的值分别是(　　)。

(A)123 和 456.000000　　(B) 12 和 456.000000

(C) 12 和 3.000000　　(D)23 和 456.000000

6.设变量 a 和 b 均已正确定义并赋值,以下的 if 语句中,在编译时将产生错误信息的是(　　)。

(A) if (a++);　　(B) if (a>b&&b! =0);

(C) if (a>b) a--
else b++;
else a++;　　(D) if (b<0) {;}

7.在嵌套使用 if 语句时,C 语言规定 else 总是(　　)。

(A)与之前其具有相同缩进位置的 if 配对

(B)与之前最近的 if 配对

(C)与之前的第一个 if 配对

(D) 与之前最近的且不带 else 的 if 配对

8.若整型变量 a,b,c,d 中的值依次为 2,5,4,3,则条件表达式 a<b? a:c<d? c:d 的值是(　　)。

(A)2　　(B) 3　　(C) 4　　(D) 5

9.下列叙述正确的是(　　)。

(A) break 语句只能用于 switch 语句

(B)在 switch 语句中必须使用 default

(C) break 语句不一定与 switch 语句中的 else 配对

(D)在 switch 语句中,必须使用 break 语句

10.有以下程序:

```
main()
{  int k=5;
   while (--k)
     printf ("%d", k-=1);
   printf ("\n");
}
```

执行后的输出结果是(　　)。

(A)3　　(B)4　　(C) 5　　(D)死循环

二、填空题

1. 设有定义："float x=123.4567;",则执行以下语句后的输出结果是__________。

```
printf (%f\n, (int) (x * 1000+0.5)/1000.0);
```

2. 以下程序运行后的输出结果是__________。

```
main()
{     int m=012,n=12;
      printf (%d  %d\n, ++m, n++);
}
```

3. 执行以下程序时输入 8765432<CR>,则输出结果是__________。

```
# include <stdio.h>
main()
{     int a,b;
      Scanf ("%2d%2d", &a, &b);
      Printf ("%d  %d\n", a, b);
}
```

4. 以下程序运行后的输出结果是__________。

```
main()
{     int a=3, b=4, c=5;
      if (c=a)
          printf("%d\n", c);
      else
          printf("%d\n", b);
}
```

5. 以下程序运行后的输出结果是__________。

```
main()
{     int x, a=3,b=4, c=5, d=6;
      x= (a<b)? a :b;
      x= (x<c)? x :c;
      x= (d>x)? x :d;
      printf ("%d\n", x);
}
```

6. 以下程序的输出结果是__________。

```
# include <stdio.h>
main ()
{   int n=87654, d;
    while (n! =0) {d=n%10; printf ("%d", d); n/=10; }
}
```

7. 以下程序的功能是计算：s = 1 + 12 + 123 + 1234 + 12345 + 123456 + 1234567 +

12345678。请填空。

```
main ()
{  int t=0, s=0,i;
   for (i=1; i<=8; i++)
   {
      t=i+__________;
      s=s+t;
   }
   printf ("s=%d\n", s);
}
```

8. 以下程序运行后的输出结果是__________。

```
main ()
{  char c1, c2;
   for (c1='2', c2='7'; c1< c2; c1++, c2--)
      printf ("%c%c", c1, c2);
   printf ("\n");
}
```

9. 若有以下程序段,且变量已正确定义和赋值:

```
for (a=2.0, b=2; b<=n; b++)
   a=a+1.0/ (b*(b+1));
printf ("a=%f\n\n", a);
```

请填空,使下面程序段的功能与之完全相同:

```
a=2.0; b=2;
while (__________)
{     a=a+1.0/(b*(b+1));
      __________;
}
printf ("s=%f\n\n", s);
```

10. 以下程序的功能是:输出 100 以内(不含 100)能被 3 整除且个位数为 9 的所有整数。请填空。

```
main ()
{  inta, b;
   for (a=0; __________; a++)
   {  b=a*10+9;
      if (__________) continue;
      printf ("%d  ", b);
   }
}
```

第 4 章　数　组

前面各章中,基本类型(整型、实型、字符型)用来描述和处理的数据类型都比较简单。但在实际应用中所需要处理的数据往往是复杂多样的,用单一的数据类型来描述复杂的数据显得很不自然,也难反映出数据之间的联系。

为了能更简洁、方便地描述较复杂的数据,C 语言提供了用户自定义数据的描述方法:由若干个基本类型数据按照一定的规则构成复杂数据对象,即构造类型。数组就是构造类型的一种。

把具有相同类型的若干变量按有序的形式组织起来,这些按序排列的同类数据元素的集合称为数组。一个数组可以分解为多个数组元素,这些数组元素可以是基本数据类型或是构造类型。因此按数组元素的类型不同,数组又可分为数值数组、字符数组、指针数组、结构数组等各种类别。

4.1　一 维 数 组

4.1.1　一维数组的定义

一维数组的定义方式为

类型说明符 数组名［常量表达式］;

类型说明符是说明数组元素的类型,可以基本类型,如 int,float,char 等,也可以是后面学习的构造数据类型,对于同一个数组,其所有元素的数据类型都是相同的。

数组名是用户定义的数组标识符,其命名规则与变量的命名规则相同,但是数组名不能与程序中定义的其他变量名重名。

方括号中的常量表达式表示数据元素的个数,也称为数组的长度,是一个整型常量表达式,可以是符号常量,但一定不能使用变量。

允许在同一个类型说明中,说明多个数组和多个变量。

例如,下面是合法的数组定义:

```
char ch[10];
float score[5];
int m[8],p[6];
#define N 5
int mum[N];
short min[3*N];
```

下面的定义是非法的:

```
int a(3);
```

```
int n=6;
char c[n];
long n[7];
```

第一行中下标不能使用(),只能使用[ ],所以应为“int a[3]”;第二行定义了一个变量 n,定义数组时下标只能是常量或常量表达式;第三行中 c[n]的下标 n 是一个变量,不能用在表示数组长度中的表达式中;第四行中定义的数组名和第二行中定义的变量名相同。

4.1.2 一维数组的初始化

与基本变量使用相似,C 语言允许在定义数组时对数组各元素赋初值,这一过程称为数组的初始化。数组初始化是在编译阶段进行的。这样将减少运行时间,提高效率。

初始化赋值的一般形式为

类型说明符 数组名[常量表达式]={值,值,…,值};

其中,在{ }中的各数据值即为各元素的初值,各值之间用逗号间隔。

对数组初始化分为以下几种情形:

1. 对所有的数组元素进行赋值

这种赋值的特点是定义的数组长度和赋值的个数前后保持一致。也可以不指定数组长度,C 语言编译系统会自动根据初值个数来决定数组长度。例如:

```
int a[6]={1,2,3,4,5,6};
```

初始化后各元素的值为 a[0]=1,a[1]=2,a[2]=3,a[3]=4,a[4]=5,a[5]=6。

2. 给数组部分元素赋初值

这种赋值的特点是定义的数组长度大于赋值的个数,对于没有赋值的部分,系统会自动赋 0 值。例如:

```
int a[6]={1};
```

初始化后各元素的值为 a[0]=1,a[1]=0,a[2]=0,a[3]=0,a[4]=0,a[5]=0。

对于数组初始化应注意:只能给元素逐个赋值,不能给数组整体赋值;当数组长度与初值个数不相同时,在定义数组时必须指定数组长度;另外,也可以用赋值语句或输入语句给数组赋初值。例如:

```
int a[6];
a[6]=1;
```

就是错误的数组初始化方式。

3. 不指定数组长度赋初值

这种赋值的特点是在对数组定义时不指定数组的长度,C 语言编译系统自动根据初值个数来决定数组长度。例如:

```
int a[ ]={1,2,3,4,5,6};
```

初始化后各元素的值为 a[0]=1,a[1]=2,a[2]=3,a[3]=4,a[4]=5,a[5]=6。其赋值效果等价于第一种赋值方法。

4.1.3 一维数组元素的用法

数组经过定义和初始化后就可以使用了。数组的实质是一组数组元素的集合,数组名代表了整个数组存储空间的首地址，因此不能对整个数组进行操作，只能对其中的数组元素进行操作。

数组元素实质上就是一个普通的变量，通过数组名加下标来指定。所以，一维数组的引用方式为

数组名[下标]

下标是数组元素在整个数组中的顺序号，可以是整型常量、整型变量或整型表达式，也可以是字符表达式或后面将讲述的枚举类型表达式，如为小数时，C 编译将自动取整。注意，下标的取值是从 0 开始的，在定义长度为 n 的数组中，最后一个下标元素的值为 n－1，不能出现下标越界的情况。

例如：

```
int a[5];
```

则数组 a 有 5 个元素，分别表示为 a[0]，a[1]，a[2]，a[3]，a[4]。

数组元素的引用方式和数组说明符的形式非常相近，都是“数组名[表达式]”形式，但是二者的含义完全不同，一定要加以区分。

在实际应用中，常用一维数组描述一组相同类型的数据对象，以方便处理。例如，可以将一个年级 300 人的某门课成绩输入到一个有 300 个元素的数组中保存，用于计算平均分、统计平均分以上的人数等处理，但是单独定义 300 个不同的变量去处理就不太现实。根据数组元素本身具有顺序性的特点，我们经常使用 for 循环语句来实现数组的初始化、输出等操作。

例 4.1　从键盘上输入 10 个学生成绩，输出每个学生成绩并求平均成绩。

```
#include<stdio.h>
main()
{
    int i, a[10];
    float average=0;
    printf("请输入 10 个数:\n");
    for(i=0;i<10;i++)
        {
        scanf("%d", &a[i]);
        average=average +a[i];
        }
    average=average/10;
    printf("平均分为%.2f\n", average);
    printf("每个学生的成绩为:\n");
    for(i=0;i<10;i++)
    printf("%3d", a[i]);
}
```

从键盘任意输入 10 个成绩：78 83 79 86 91 95 88 90 97 80

例 4.1 的运行输出如图 4.1 所示。

```
请输入10个数:
78 83 79 86 91 95 88 90 97 80
平均分为86.70
每个学生的成绩为:
 78 83 79 86 91 95 88 90 97 80Press any key to continue
```

图 4.1 例 4.1 程序运行结果

4.2 二维数组

4.2.1 二维数组的定义

当一个一维数组，它的每一个元素也是类型相同的一维数组时，便构成了二维数组。数组的维数是指数组的下标个数，一维数组元素只有一个下标，二维数组元素有两个下标。多维数组元素有多个下标，以标识它在数组中的位置，所以也称为多下标变量。本小节只介绍二维数组，多维数组可由二维数组类推而得到。

事实上，在C语言中只有一维数组，而且数组的大小在编译时就作为一个常数确定下来。但是C语言中数组的元素可以是任何类型的数据，这样就派生出了数组元素是数组的多维数组。二维数组是数组元素又是一个一维数组的一维数组。

二维数组定义的一般形式是：

类型说明符　数组名[常量表达式 1][常量表达式 2]

类型说明符、数组名用法和一维数组要求相同。在定义二维数组时，必须有两个用方括号括起来的常量表达式，这两个常量表达式不再表示数组元素的个数，其中常量表达式 1 表示数组有多少行，常量表达式 2 表示每行中有多少个元素(列数)，所以，常量表达式 1 和常量表达式 2 的乘积才表示数组元素个数。二维数组描述了一个平面数据。

例如：

```
int a[3][5];
```

说明定义了一个整型二维数组 a，数组 a 包含 3 行 5 列元素，共有 3×5 个数组元素，即

```
a[0][0], a[0][1], a[0][2], a[0][3], a[0][4]
a[1][0], a[1][1], a[1][2], a[1][3], a[1][4]
a[2][0], a[2][1], a[2][2], a[2][3], a[2][4]
```

在许多实际应用中，常常需要定义二维数组，以便解决问题。

例如，调查市场上 4 种巧克力的市场满意度，这里包含的信息包含 4 种巧克力，有 3 中调查结果，要描述每种巧克力满意度情况可以定义一个二维数组 score 来描述：

```
int score[4][3];
```

用行来描述巧克力的品牌，用列来描述市场调查信息。每种巧克力的市场满意度情况对应关系如表 4.1 所示。

表 4.1　巧克力满意度与数组元素的对应关系

品牌＼满意度	满　意	一　般	不满意
德　芙	score[0][0]	score[0][1]	score[0][2]
金　帝	score[1][0]	score[1][1]	score[1][2]
费列罗	score[2][0]	score[2][1]	score[2][2]
金　沙	score[3][0]	score[3][1]	score[3][2]

C 语言中的二维数组在内存中存放的顺序为“按行存放”，与一维数组相同，数组中的元素在内存中也是一串地址连续的内存空间。因此，对二维数组 score，也可以这样理解，把它看成是一个其元素是一维数组的数组，元素 score[0]，score[1]，score[2]，score[3]又都是一个一维数组，用来描述学生各自的数学、语文和英语成绩。如数组 score[0]的 3 个元素为 score[0][0]，score[0][1]，score[0][2]；score[1]，score[2]，score[3]以此类推。

4.2.2　二维数组的初始化

二维数组的初始化和一维数组相似，在定义二维数组时也可以同时对其进行初始化。对数组初始化分为以下几种情形：

1. 按行连续赋值

具体方法是将数组元素所有元素初始值按相应的顺序写在一个花括号内，各初值用逗号分隔，按数组元素排列顺序给各元素赋值。例如：

```
int a[2][3]={1,2,3,4,5,6};
```

赋值后各元素的值分别为 a[0][0]=1，a[0][1]=2，a[0][2]=3，a[1][0]=4，a[1][1]=5，a[1][2]=6。

这种赋值方法书写简单，但是行数较多时不易区分检查，数组元素较多时不建议使用这种赋值方法。

2. 分行给数组赋初值

具体方法是将每行元素初值以逗号分隔，写在花括号内，每个花括号内的数据对应一行元素。各行元素以逗号分开，写在一个总的花括号内，例如：

```
int a[2][3]={{1,2,3},{4,5,6}};
```

赋值结果和上边的赋值结果相同。

这种赋值方式更直观，符合二维数组的特点，初始值与元素关系清楚，不易出错，建议使用这种方式进行二维数组的赋值。

3. 给部分元素赋初值

每一行中数据少于该行中数据的个数，系统自动根据其数据类型给后面未赋值的元素取 0 值。例如：

```
int a[2][3]={{1},{4,5}};
```

赋值后各元素的值分别为 a[0][0]=1，a[0][1]=0，a[0][2]=0，a[1][0]=4，a[1][1]=5，a[1][2]=0。

```
int a[3][3]={{1},{4,5}};
```

赋值后各元素的值分别为 a[0][0]=1,a[0][1]=0,a[0][2]=0,a[1][0]=4,a[1][1]=5,a[1][2]=0,a[2][0]=0,a[2][1]=0,a[2][2]=0。

4. 省略部分常量表达式赋初值

在赋初值时可以省略常量表达式1,不能省略常量表达式2。

例如:

```
int a[ ][3]={{1},{4,5}};
```

等价于

```
int a[2][3]={{1},{4,5}};
```

另外还可以通过赋初值的个数来确定常量表达式1的值。若初值的个数能被常量表达式2的值除尽时,所得的商就是常量表达式1的值;若不能被整除,则常量表达式1的值等于所得的商+1。

例如:

```
int a[ ][3]={1,2,3,4,5,6};
```

等价于

```
int a[2][3]={1,2,3,4,5,6};
int a[ ][3]={1,2,3,4};
```

等价于

```
int a[2][3]={1,2,3,4};
```

例 4.2 已知5个学生的数学、语文和英语的成绩分别为:

Student1:80,75,92

Student2:61,65,71

Student3:59,63,70

Student4:85,87,90

Student5:76,77,85

求每科成绩的平均值。

```
#include<stdio.h>
main( )
{
int i, j, average=0, v[3];
int a[5][3]={{80,75,92},{61,65,71},{59,63,70},{85,87,90},{76,77,85}};
for(i=0;i<3;i++)
  {
   for(j=0;j<5;j++)
     average = average +a[j][i];
   v[i]= average /5;
   average =0;
   }
   printf ("数学平均分:%d\n 语文平均分:%d\n 英语平均分:%d\n",v[0],v[1],
        v[2]);
}
```

```
数学平均分:72
语文平均分:73
英语平均分:81
Press any key to continue_
```

图 4.2 例 4.2 程序运行结果

例 4.2 的运行输出如图 4.2 所示。

4.2.3　二维数组元素的用法

同一维数组一样，二维数组同样不能整体引用，只能对其中的可直接进行存取操作的每一个存储单元进行引用。二维数组的元素也称为双下标变量，其引用的形式为

　　数组名[下标 1][下标 2]

在引用二维数组元素时，下标表达式可以是常量、变量、函数或表达式，但是必须在取值范围之内。下标 1 和下标 2 都是从 0 开始的，最大为定义二维数组行数－1 和列数－1。当超过这一范围时，下标越界。例如：

```
int a[3][4];
```

那么 a[3][4]引用就是错误的。

引用二维数组的下标一定要分别放在两个方括号内。例如：

```
int a[4,5];
```

也是错误的引用。

下标变量和数组说明在形式中有些相似，但这两者具有完全不同的含义。数组说明的方括号中给出的是某一维的长度，即可取下标的最大值；而数组元素中的下标是该元素在数组中的位置标识。前者只能是常量，后者可以是常量、变量或表达式。

由于二维数组具有顺序性这一特点，一维数组的输入和输出通常使用单重循环来实现，二维数组一般使用双重循环来实现，外层循环控制行，内层循环控制列。

例 4.3　编写程序，通过键盘给 4×3 的二维数组输入数据，第一行输入 1,2,3；第二行输入 4,5,6；第三行输入 7,8,9；第四行输入 10,11,12。然后按行输出此二维数组。

```
#include<stdio.h>
main ( )
{
int a[4][3], i,j;
printf("请输入 12 个数:\n");
for (i=0; i<4; i++)
    for (j=0; j<3; j++)
    scanf ("%d", &a[i][j]);
printf("按行输出:\n");
for(i=0; i<4; i++)
    {
    for (j=0; j<3; j++)
    printf ("%4d", a[i][j]);
    printf ("\n");
    }
}
```

```
请输入12个数:
1 2 3 4 5 6 7 8 9 10 11 12
按行输出:
   1   2   3
   4   5   6
   7   8   9
  10  11  12
Press any key to continue
```

图 4.3　例 4.3 程序运行结果

例 4.3 的运行输出如图 4.3 所示。

4.3 字符数组

4.3.1 字符数组的定义

用来存放字符数据的数组称为字符数组，其数据类型为 char。同其他类型的数组一样，字符数组既可以是一维的，也可以是多维的。前面已介绍，char 型变量只能存放一个由单引号括起来的字符。同样，字符型数组中的每一个元素也只能存放一个字符型数据。

一维字符数组的定义格式：

char 数组名[常量表达式]；

例如：

char ch[3]；

该语句定义了数组名为 ch 的一维字符数组，包含 3 个元素，每个元素可存储一个字符。例如：

ch[0]='a'；ch[1]='b'；ch[2]='c'；

二维字符数组的定义格式：

char 数组名[常量表达式 1][常量表达式 2]；

例如：

char str[3][5]；

该语句定义了数组名为 str 的一个二维字符数组，该数组为 3 行 5 列共 15 个元素，每个元素可存储一个字符。例如：

str[0][0]='a'；str[0][1]='b'；str[0][2]='c'；str[0][3]='d'；str[0][4]='e'；

str[1][0]='n'；str[1][1]='o'；str[1][2]='p'；str[1][3]='q'；str[1][4]='r'；

str[2][0]='1'；str[2][1]='2'；str[2][2]='3'；str[2][3]='4'；str[2][4]='5'；

4.3.2 字符数组的初始化

像一维数组元素或二维数组元素的初始化一样，字符数组在被定义时或在程序中的开始位置能为数组元素赋初值。

字符数组在被定义时的初始化格式如下：

一维字符数组：

存储类型 类型说明符 数组标识符[常量表达式]={常量表达式表}；

二维字符数组：

存储类型 类型说明符 数组标识符[常量表达式 1][常量表达式 2]={常量表达式表}；

例 4.4 输出一个 * 号组成的三角形。

```
# include <stdio.h>
void main( )
{
char triangle[ ][5]={{' ',' ',' *'},{' ',' *',' *',' *'},{' *',' *',' *',' *',' *'}};
```

```
    int i, j;
    for( i=0;i<3;i++)
    {
      for( j=0;j<5;j++)
        printf("%c",triangle[i][j]);
      printf("\n");
    }
    }
```

```
  *
 ***
*****
Press any key to continue_
```

图 4.4　例 4.4 程序运行结果

例 4.4 的运行输出如图 4.4 所示。

4.3.3　字符数组元素的用法

字符数组的引用格式为

一维字符数组的引用格式：

　　数组名 [下标表达式];

二维字符数组的引用格式：

　　数组名 [下标表达式 1] [下标表达式 2];

例 4.5　输出一维字符串数组的值。

```
# include <stdio.h>
void main( )
{
char c[13]={'S','t','u','d', 'y', '','E', 'n','g','l','i', 's', 'h'};
int i;
for( i=0; i<13; i++)
printf("%c", c[i]);
printf("\n");
}
```

```
Study English
Press any key to continue_
```

图 4.5　例 4.5 程序运行结果

程序运行结果为

　　Study English

例 4.5 的运行输出如图 4.5 所示。

4.3.4　字符数组的输入/输出

字符数组的输入/输出可以使用输入/输出函数来实现。

例 4.6　逐个字符的输入和输出。

```
# include <stdio.h>
main( )
{
int i;
char a[3];
for(i=0; i<3; i++)
```

```
    scanf("%c", &a[i]);
    for(i=0; i<3; i++)
    printf("%c", a[i]);
    }
```

输入 abc

输出 abc

```
abc
abcPress any key to continue
```

图 4.6　例 4.6 程序运行结果

例 4.6 的运行输出如图 4.6 所示。

使用字符串也可以实现对字符数组的输入/输出。

4.3.5　字符串

字符串是指若干有效字符的序列，其表示方法是用双引号将字符序列括起来，如 string。在 C 语言中没有专门的字符串变量，通常用一个字符数组来存放一个字符串。字符串常量总是以"\0"作为串的结束符，因此当把一个字符串存入一个数组时，也把结束符"\0"存入数组，并以此作为该字符串是否结束的标志。有了"\0"标志后，就不必再用字符数组的长度来判断字符串的长度了。

C 语言允许用字符串的方式对数组作初始化赋值。

例如：

```
char c[]={'C', ' ','p','r','o','g','r','a','m'};
```

可写为

```
char c[]={"C program"};
```

或去掉{}写为

```
char c[]="C program";
```

用字符串方式赋值比用字符逐个赋值要多占一个字节，用于存放字符串结束标志"\0"。上面的数组 c 在内存中的实际存放情况为：

C		p	r	o	g	r	a	m	\0

"\0"是由 C 编译系统自动加上的。由于采用了"\0"标志，所以在用字符串赋初值时一般无须指定数组的长度，而由系统自行处理。

除了上述用字符串赋初值的办法外，还可用 printf 函数和 scanf 函数一次性输出/输入一个字符数组中的字符串，而不必使用循环语句逐个地输入/输出每个字符。

使用 printf 函数和 scanf 函数方式实现输入/输出时应注意：

(1)使用 scanf 函数"%s"输入时，输入项应为一个地址值，使用一维字符数组的数组名即可，不需要再加取地址符，因为数组名本身就是一个地址值。

(2) 使用 scanf 函数"%s"输入时，空格和回车符都作为输入数据的分隔符，而不能被读入，并在最后自动加上"\0"。

(3) 输入字符串的长度不应超过字符数组所能容纳的个数。若超过，系统并不报错，但是相当于下标越界，应该避免发生。

(4) 使用 printf 函数"%s"输出时，可使用一维字符数组名，而不能是字符数组的一个元素。

(5) 输出时,依次输出字符数组中的字符,直到遇到第一个"\0"为止,"\0"不在输出之列,输出后不自动换行。

例4.7　字符串的输入/输出。

```
#include<stdio.h>
main( )
{
char s[15];
scanf ("%s", s);
printf ("%s\n", s);
}
```

```
C program
C
Press any key to continue_
```

图4.7　例4.7程序运行结果

输入 C program

输出 C

例4.7的运行输出如图4.7所示。

本例中由于定义数组长度为15,因此输入的字符串长度必须小于15,以留出一个字节用于存放字符串结束标志"\0"。输入的"C program"中间有空格,因为空格作为输入分隔符,后边自动加上了"\0","program"的值并没有赋予s,所以输出结果为" C"。

4.3.6　字符串处理函数

由于字符串应用广泛,为方便用户对字符串的处理,C语言库函数提供了一些常用的库函数,用于输入/输出的字符串函数,在使用前应包含头文件"stdio.h",其他函数原型说明在string.h中。下面介绍一些最常用的字符串库函数。

1. 字符串输出函数 puts

格式:puts (字符数组名)

功能:把字符数组中的字符串输出到显示器。同时将"\0"转换成换行符,因此,使用本函数输出一行时,不必另加换行符。

例4.8　字符串输出。

```
#include<stdio.h>
main( )
{
char s[15]="C program";
puts(s);
}
```

```
C program
Press any key to continue_
```

图4.8　例4.8程序运行结果

输出结果为:C program

例4.8的运行输出如图4.8所示。

2. 字符串输入函数 gets

格式:gets (字符数组名)

功能:从标准输入设备键盘上输入一个字符串到字符数组中,并自动在末尾加字符串结束标志符"\0"。输入字符串时以回车结束输入,空格不作为分隔符,因此可以读入包含空格符在内的字符串。这是与scanf函数不同的。

例 4.9 字符串输入。

```
#include<stdio.h>
main( )
{
  char s[15];
  gets(s);
  puts(s);
}
```

```
Good morning
Good morning
Press any key to continue
```

图 4.9 例 4.9 程序运行结果

输入字符串"Good morning",输出" Good morning"。

例 4.9 的运行输出如图 4.9 所示。

3. 字符串连接函数 strcat

格式:strcat (字符数组名 1,字符数组名 2)

功能:把字符数组 2 中的字符串连接到字符数组 1 中字符串的后面,并删去字符串 1 后的串标志"\0"。本函数返回值是字符数组 1 的首地址。

例 4.10 字符串连接。

```
#include<stdio.h>
#include<string.h>
main( )
{
  char str1[30]="I am" , str2[20]="a Chinese" ;
  strcat(str1,str2);
  puts(str1);
}
```

```
I am a Chinese
Press any key to continue
```

图 4.10 例 4.10 程序运行结果

运行结果为 I am a Chinese

例 4.10 的运行输出如图 4.10 所示。

本程序把初始化赋值的字符数组与动态赋值的字符串连接起来。要注意的是,字符数组 1 应定义足够的长度,否则不能全部装入被连接的字符串。

4. 字符串复制函数 strcpy

格式: strcpy (字符数组名 1,字符数组名 2)

功能:把字符数组 2 中的字符串复制到字符数组 1 中。串结束标志"\0"也一同复制。字符数组名 2,也可以是一个字符串常量。这时相当于把一个字符串赋予一个字符数组。

例 4.11 字符串的复制。

```
#include<stdio.h>
#include"string.h"
main( )
{
  char st1[20],st2[]="I Love
  Bei Jing";
```

```
I Love Bei Jing

Press any key to continue
```

图 4.11 例 4.11 程序运行结果

```
    strcpy(st1,st2);
    puts(st1);printf("\n");
}
```

例 4.11 的运行输出如图 4.11 所示。

5. 字符串比较函数 strcmp

格式:strcmp(字符数组名 1,字符数组名 2)

功能:按照 ASCII 码顺序比较两个数组中的字符串,并由函数返回值返回比较结果。

字符串 1=字符串 2,返回值=0;

字符串 2>字符串 2,返回值>0;

字符串 1<字符串 2,返回值<0。

本函数也可用于比较两个字符串常量,或比较数组和字符串常量。

注意　C 语言中关于字符串比较不是比较字符的长短,而是比较字符串 ASCII 码值的大小。字符串的具体比较规则是将两个字符串从左至右逐个字符比较,直到出现不同字符或遇到"\0"为止。如全部字符相同,函数返回 0,两个字符相等;若出现不同字符,则遇到的第一个不同字符的 ASCII 码值大者为大。

例 4.12　比较字符串大小。

```
#include<stdio.h>
#include"string.h"
main( )
{ int k;
  char st1[15]="Bei Jing",st2[]="Shang Hai";
  k=strcmp(st1,st2);
  if(k==0) printf("%s=%s\n",st1,st2);
  if(k>0)printf("%s>%s\n",st1,st2);
  if(k<0)printf("%s<%s\n",st1,st2);
}
```

例 4.12 的运行输出如图 4.12 所示。

```
Bei Jing<Shang Hai
Press any key to continue
```

图 4.12　例 4.12 程序运行结果

6. 测字符串长度函数 strlen

格式:strlen (字符数组名)

功能:测字符串的实际长度(不含字符串结束标志"\0") 并作为函数返回值。

例 4.13　求字符串长度。

```
#include<stdio.h>
#include"string.h"
```

```
main( )
{ int k;
  char st[]="C language";
  k=strlen(st);
  printf("字符串的长度为: %d\n",k);
}
```

例 4.13 的运行输出如图 4.13 所示。

```
字符串的长度为:  10
Press any key to continue
```

图 4.13　例 4.13 程序运行结果

4.4　程序举例

4.4.1　一维数组应用程序举例与运行测试

例 4.14　利用数组，存储输入 10 个数字，重新赋值，将数组元素值变成原来值的 2 倍输出。

```
#include<stdio.h>
main ( )
{
    int i , a[10];
    printf ("请输入 10 个数:\n");
    for(i=0; i<10; i++)
    scanf("%d", &a[i]);
    printf ("结果为:\n");
    for(i=0; i<10; i++)
    {
        a[i]=2 * a[i];
        printf("%-3d",a[i]);
    }
}
```

输入 1 2 3 4 5 6 7 8 9 10

例 4.14 的运行输出如图 4.14 所示。

```
请输入10个数:
1 2 3 4 5 6 7 8 9 10
结果为:
2  4  6  8  10 12 14 16 18 20 Press any key to continue
```

图 4.14 例 4.14 程序运行结果

例 4.15 将一维数组倒序输出。

```
#include<stdio.h>
main ( )
{
int a[10]={8,6,7,2,15,3,10,1,20,4};
int i, j, t;
for(i=0,j=9;i<j;i++,j--)
    {
        t = a[i];
        a[i] = a[j];
        a[j] = t;
    }
printf ("倒序输出:\n");
for (i=0;i<10;i++)
  printf ("%-3d",a[i]);
}
```

例 4.15 的运行输出如图 4.15 所示。

```
倒序输出:
4  20 1  10 3  15 2  7  6  8  Press any key to continue
```

图 4.15 例 4.15 程序运行结果

例 4.16 输入一个数，将其插入到一个升序数组中，保持数组的升序不变。

```
#include<stdio.h>
main ( )
{
int a[11]={-3,0,2,5,9,13,14,18,21,40};
int i,data, t;
printf("\n 请输入一个数:");
```

```
    scanf("%d", &data);
    a[10]=data;
    for(i=10;i>=1;i--)
        if (a[i]<a[i-1])
        {
          t=a[i];
          a[i] = a[i-1];
          a[i-1] = t;
        }
        else break;
    printf ("新的数组为:\n");
    for (i=0;i<11;i++)
      printf ("%-3d",a[i]);
    }
```

输入一个值:-5

例 4.16 的运行输出如图 4.16 所示。

```
请输入一个数:-5
新的数组为:
-5 -3 0  2  5  9  13 14 18 21 40 Press any key to continue
```

图 4.16　例 4.16 程序运行结果

4.4.2　二维数组应用程序举例与运行测试

例 4.17　把 3×4 矩阵按列赋予另一个 4×3 矩阵并输出。

```
#include<stdio.h>
main( )
{
int a[3][4]={{6,3,2,7,},{-2,9,1,15},{10,21,7,30}},b[4][3];
int i, j;
printf("数组 a:\n");
for(i=0;i<=2;i++)
  {
  for(j=0;j<=3;j++)
  printf("%3d",a[i][j]);
  printf("\n");
  }
```

```
    for(i=0;i<=3;i++)
      for(j=0;j<=2;j++)
        b[i][j]=a[j][i];
    printf("数组 b:\n");
    for(i=0;i<=3;i++)
      {
      for(j=0;j<=2;j++)
      printf("%3d",b[i][j]);
      printf("\n");
      }
    }
```

例 4.17 的运行输出如图 4.17 所示。

```
数组a:
  6  3  2  7
 -2  9  1 15
 10 21  7 30
数组b:
  6 -2 10
  3  9 21
  2  1  7
  7 15 30
Press any key to continue
```

图 4.17　例 4.17 程序运行结果

例 4.18　求 4×4 矩阵中最大值并输出其下标。

```
#include<stdio.h>
main( )
{
int a[4][4], i, j, max, row, col;
printf("请输入 16 个数:\n");
for(i=0;i<4;i++)
  for(j=0;j<4;j++)
   scanf("%d", &a[i][j]);
  max=a[0][0];
  row=0;
  col=0;
for(i=0;i<=3;i++)
  for(j=0;j<=3;j++)
   if(max<a[i][j])
   {
```

```
            max=a[i][j];
            row=i;
            col=j;
        }
    printf("最大值=%d, 行数=%d, 列数=%d\n", max, row, col);
}
```

任意输入 16 个数值,例 4.18 的运行输出如图 4.18 所示。

```
请输入16个数:
-8 10 3 -2 50 13 7 15 23 17 0 46 33 66 41 20
最大值=66, 行数=3, 列数=1
Press any key to continue
```

图 4.18　例 4.18 程序运行结果

例 4.19　从键盘上输入一个 4×4 整数矩阵,以主对角线(\)为对称轴,将左下角元素中较大的元素代替右上角对应元素,并将右上角元素(含对角线元素)输出。

```
#include<stdio.h>
#include<string.h>
main( )
{
    int d[4][4],i, j, temp;
    printf("请输入 16 个数:\n");
    for (i=0; i<4; i++)
      for (j=0; j<4; j++)
        scanf("%d",&d[i][j]);
    for (i=0; i<4; i++)
      for (j=0; j<i; j++)
        if (d[i][j]> d[j][i])
        d[j][i]= d[i][j];
printf("输出结果为:\n");
  for (i=0; i<4; i++)
  {
    printf ("\n");
    for (j=0; j<4; j++)
      if(j>=i)
      printf ("%6d",d[i][j]);
      else
      printf("%6c",' ');
```

```
    }
}
```

例 4.19 的运行输出如图 4.19 所示。

```
请输入16个数:
1 2 3 4 5 6 7 8 9 10 11 12 13 14 15 16
输出结果为:

    1      5      9     13
           6     10     14
                 11     15
                        16Press any key to continue
```

图 4.19　例 4.19 程序运行结果

依据本程序，思考以对角线(/)为对称轴的相似题目如何编写程序。

4.4.3　字符数组应用程序举例与运行测试

例 4.20　输入一行字符，统计其中有多少个单词(单词间以空格分隔)。比如，输入"I am a boy."，有 4 个单词。

```
#include<stdio.h>
main ( )
{
char string[81] ;
int i, num = 0, word = 0;
char c;
printf("请输入字符:\n");
gets(string);
for(i =0; (c=string[i]) ! = '\0';i++)
    if (c==' ') word = 0;
    else if (word == 0)
    {
     word = 1;
     num++;
    }
printf("本行中有 %d 个单词\n",num);
}
```

输入"what is that"。

例 4.20 的运行输出如图 4.20 所示。

```
请输入字符：
what is that
本行中有 3 个单词
Press any key to continue
```

图 4.20　例 4.20 程序运行结果

例 4.21　将两个字符串连接起来，要求不使用 strcat 函数。

```
＃include＜stdio. h＞
main( )
{
char str1[100],str2[100];
int i＝0,j＝0,t;
printf("请输入第一个字符串:\n");
scanf("％s",str1);
while(str1[i]！＝'\0') i＋＋;
printf("请输入第二个字符串:\n");
scanf("％s",str2);
while(str2[j]！＝'\0') j＋＋;
for(t＝0;t＜＝j;t＋＋)
   {
     str1[i]＝str2[t];
     i＋＋;
   }
printf("连接后的字符串是:％s\n",str1);
}
```

```
请输入第一个字符串：
abc
请输入第二个字符串：
efg
连接后的字符串是：abcefg
Press any key to continue
```

图 4.21　例 4.21 程序运行结果

例 4.21 的运行输出如图 4.21 所示。

本 章 小 结

(1) 数组是程序设计中最常用的数据结构。数组可分为数值数组(整数组，实数组)、字符数组以及后面将要介绍的指针数组、结构数组等。

(2)数组可以是一维的、二维的或多维的。

(3)数组类型说明由类型说明符、数组名、数组长度(数组元素个数)三部分组成。数组元素又称为下标变量。数组的类型是指下标变量取值的类型。

(4)对数组的赋值可以用数组初始化赋值、输入函数动态赋值和赋值语句赋值 3 种方法实现。对数值数组不能用赋值语句整体赋值、输入或输出，而必须用循环语句逐个对数组元素进行操作。

练 习 题

一、选择题

1. 以下为一维整型数组 a 的正确说明是(　　)。

(A)int a(10);

(B)int n=10,a[n];

(C)int n;
　scanf("%d",&n);
　int a[n];

(D)#define SIZE 10;
　int a[SIZE];

2. 有说明 int k=3,a[10],则下列可以正确引用数组元素的表达式是(　　)。

(A)a[k]　(B)a[10]　(C)a[1.3]　(D)a[3*5]

3. 有定义 int d[ ][3]={1,2,3,4,5,6},执行语句 printf("%c", d[1][0]+'A'),结果是(　　)。

(A)A　(B)B　(C)C　(D)E

4. 有两个字符数组 a,b,则以下正确的输入语句是(　　)。

(A)gets(a,b);

(B)scanf("%s%s",a,b);

(C)scanf("%s%s",&a,&b);

(D)gets("a"),gets("b");

5. 若有以下程序段:

```
int a[]={4,0,2,3,1},i,j,t;
for(i=1;i<5;i++)
{t=a[i];j=i-1;
  while(j>=0&&t>a[j])
    {a[j+1]=a[j];j--;}
  a[j+1]=t;}
……
```

则该程序段的功能是(　　)。

(A)对数组 a 进行插入排序(升序)

(B)对数组 a 进行插入排序(降序)

(C)对数组 a 进行选择排序(升序)

(D)对数组 a 进行选择排序(降序)

二、阅读下列程序,写出程序的执行结果

1.

```
#include <stdio.h>
main( )
{char str[]="SSSWLIA",c;
 int k;
 for(k=2;(c=str[k])! ='\0';k++)
```

```
{switch(c)
 {case 'I': ++k;break;
  case 'L': continue;
  default: putchar(c);continue;
 }
 putchar('*');
}
}
```

2.

```
#include<stdio.h>
#include<string.h>
main( )
{
int i, j, temp, d[4][4]={{1,2,3,4},{5,6,7,8},{4,3,2,1},{1,2,3,4}};
for( i=0; i<4; i++)
for( j=0; j<4; j++)
     if(d[i][j]> d[j][i]) d[j][i]= d[i][j];
for (i=0; i<4; i++)
      {
         printf ("\n");
           for (j=0; j<4; j++)
           if(j>=i)
           printf ("%6d",d[i][j]);
           else
           printf("%6c",'');
      }
}
```

三、程序填空

1. 下面程序以每行 4 个数据的形式输出 a 数组，请填空。

```
#define N   20
main( )
 {int a[N],i;
 for(i=0;i<N;i++)scanf("%d",__________);
 for(i=0i<N;i++)
 {if  (__________)    __________
  printf("%3d",a[i]);
 }
 printf("\n");
```

```
}
```

2. 下面程序用插入法对数组 a 进行降序排序，请填空。

```
main( )
{int a[5]={4,7,2,5,1};
  int i,j,m;
for(i=1;i<5;i++)
  {m=a[i];
  j=__________;
  while(j>=0&&m>a[j])
  {__________;
         j--;
         }
  __________=m;
  }
  for(i=0;i<5;i++)
    printf("%d",a[i]);
  printf("\n");
}
```

四、程序设计题

1. 输入 30 个学生成绩，求学生成绩的平均分以及高于平均分的成绩。

2. 对 10 个整数排序。

3. 从键盘输入一个数，判断这个数是否在一个升序的数组中。

4. 从键盘中输入 5 个字符串，找出最大的字符串。

5. 已知数组 a 中有 m 个按升序排列的元素，数组 b 中有 n 个按降序排列的元素，编程将 a 和 b 中所有元素按降序存入到数组 c 中。

第5章 函　数

使用C语言进行编程时经常会遇到复杂的任务。为了将复杂的内容进行简化，可以采取分解的手段，将一个完整的复杂程序分解为多个简单的子程序，再采取一定手段将这些子程序有机地组合在一起，从而使编程者在可控的简单范围内处理复杂的问题。在C语言中，这样的子程序称为函数。C语言的程序中可以使用的函数包括两种：一种是库函数；另一种是用户自定义函数。熟练地使用不同的函数可以极大地提高编程效率。

5.1 概　述

C语言程序设计的一个显著特点是模块化的程序设计。将一个完整的程序分解为若干个简单的有完整功能的子程序，这样的子程序被称为模块。模块化的程序设计指程序的编写通过主程序、子程序等模块把程序的主要结构描述出来，并定义各模块间的关系，通过逐步求精的方法得到一系列以功能块为单位的算法描述，以便降低程序复杂度，使程序设计、调试、维护等操作更为简单易行。

在C语言中，模块通过函数实现。使用函数的优点有：

(1)实现程序的模块化设计，降低程序复杂度。

(2)相同功能的代码可以通过调用一个函数来完成，实现复用代码，提高编程效率。

(3)将独立的功能封装入一个函数中，在使用这个功能时只需要在了解功能和使用方法后调用这个函数，而不需要知道函数的结构、定义、编写方法等细节，便于用户使用函数，同时便于团队协作时，多人共同完成某一程序。

使用函数时需要注意以下3点：

(1)一个C语言程序中须有且只有一个main函数，程序的运行永远从main函数开始。

(2)C语言中可以有许多函数，各个函数之间是独立的。

(3)自定义函数必须先定义再使用。如果函数定义发生在使用之后，则需要提前声明。

本章主要介绍函数的语法结构以及使用方法。

5.2 函数的定义

1. 函数实例

C语言的程序中可以包含多个函数，函数与函数之间是互相调用的关系。每一个函数都可以完成某一项独立的功能，并可拥有独立的变量和参数。下面通过一个例子来说明函数的定义方法。

例5.1　通过函数比较两个数的较大值并将其输出。

```
#include<stdio.h>
```

```
int max(int x,int y)
{
int z;
if(x>y) z=x;
  else z=y;
  return z;
}
main()
{
  int a,b,m;
  scanf("%d%d",&a,&b);
  m=max(a,b);
  printf("%d is bigger",m);
}
```

例 5.1 的运行输出如图 5.1 所示。

```
1 2
2 is biggerPress any key to continue
```

图 5.1　例 5.1 程序的运行结果

此程序实现的功能是输入两个整型数，输出其中较大的数。程序中一共使用了 3 个函数，其中 printf 和 scanf 是格式输入函数和格式输出函数，是系统已有的函数，这样的函数被称为库函数，在系统中已经被完整地定义过。如果用户需要使用库函数，调用相对应的头文件即可。用户不需要知道这些函数的结构、参数等信息，只需要知道函数的功能、使用方法即可。用于判断两个数大小的 max 函数是由用户自己定义的，这样的函数被称为自定义函数。此类函数需要用户自行设计，包括参数、数据类型、实现功能等都需要用户亲自定义。一般情况下说的函数都是指用户自定义函数。

2. 函数的一般形式

定义函数的一般形式为

```
[函数数据类型] 函数名([形参说明][形参列表])
{
    函数体;
}
```

注意

- 函数名是唯一的，命名方法与标识符相同。
- 当函数存在返回值时，需要在函数名前添加数据类型说明，如果函数数据类型未定义，则默认情况下函数的数据类型是 int 型。
- 形参(形式参数)用来传递数据，一个函数可以有零个或多个形参。
- 被{}包括的部分是函数体。函数体由 C 语言的语句构成，是函数的核心部分。

• 仅存在函数名，不存在形参和函数体的函数是允许的，这样的函数称为空函数。概念上与空语句类似。例如：

函数名(){ }

是一个符合语法的函数。在整个程序中占用一个程序的位置，但不完成任何操作。

3. 函数定义相关程序举例与仿真测试

例 5.2 从键盘输入两个数据和一个符号，如果符号是"+""-""*""/"中任意一个，则将对应的算式和结果输出。

```
#include<stdio.h>
void plus(float a,float b,char c)
{
  float s;
  s=a+b;
  printf("%5.2f%c%5.2f=%5.2f",a,c,b,s);
}
void minus(float a,float b,char c)
{
  float s;
  s=a-b;
  printf("%5.2f%c%5.2f=%5.2f",a,c,b,s);
}
void multiply(float a,float b,char c)
{
  float s;
  s=a*b;
  printf("%5.2f%c%5.2f=%5.2f",a,c,b,s);
}
void divide(float a,float b,char c)
{
  float s;
  s=a/b;
  printf("%5.2f%c%5.2f=%5.2f",a,c,b,s);
}
void main()
{
  float a,b;
  char c;
  scanf("%f%c%f",&a,&c,&b);
  if(c=='+') plus(a,b,c);
  if(c=='-') minus(a,b,c);
```

```
    if(c=='*') multiply(a,b,c);
    if(c=='/') divide(a,b,c);
}
```

注意　程序中共定义了4个函数:plus(),minus(),multiply(),divide()。在定义时,分别对每一个函数的数据类型和参数进行了说明。

例5.2的运行输出如图5.2所示。

```
3/4
 3.00/ 4.00= 0.75Press any key to continue
```

图5.2　例5.2程序的运行结果

5.3　函数的调用

C语言是通过对函数的调用来执行函数体的。函数在调用过程中如果涉及值的传递则必须用到形参、实参和返回值这3个概念。

5.3.1　形式参数和实际参数

1. 形式参数和实际参数的定义

形式参数(简称形参,parameter),是出现在自定义函数中的参数。形参不是实际存在的,是用来接收调用该函数时传入的数据。

实际参数(简称实参,argument),是出现在调用函数时函数名后面括号中的参数。实参是实际存在的,用来将数据传递给被调用的函数。

实参可以是常量、变量、表达式,也可以是函数。无论其数据类型如何,在发生调用时,实参有一个确定的值,以便完成值的传递。这与变量的使用法则类似,即"先赋值,再使用"。

注意　形参出现在函数定义中,在整个函数体内都可以使用,离开该函数则不能使用。实参出现在函数调用时,在被调用函数中实参变量不能使用。从本质上来说,形参只是一个名字,不占用内存空间;而实参是一个具体的值,占用内存空间。

2. 形式参数和实际参数相关程序举例与仿真测试

例5.3　通过函数求两个数之和。

```
int sum(int x,int y)                /*x,y是形参*/
{
    int z;
    z=x+y;
    return z;
}
main()
{
    int a,b,c;
```

```
    scanf("%d%d",&a,&b);
    c=sum(a,b);                    /*a,b 是实参*/
    printf("%d",c);
}
```

例 5.3 的运行输出如图 5.3 所示。

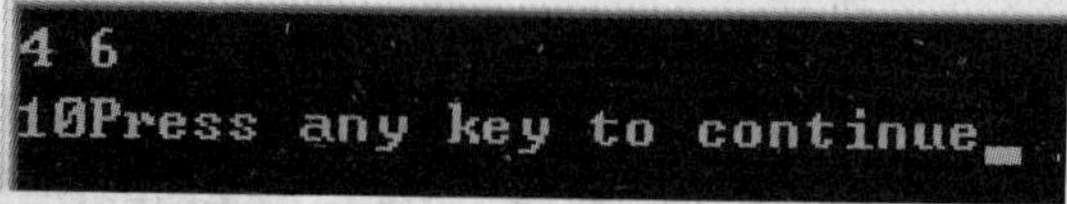

图 5.3 例 5.3 程序的运行结果

注意 在 c=sum(a,b);这一行中,a 和 b 都是实参。它们的值已经通过之前的 scanf()函数确定,由于都是 int 类型,所以这两个实参各在内存中占用一个整型数值的空间。在 sum()函数中,x 和 y 是形式参数,它们负责将实参 a 和 b 的值传递给 sum 函数但本身不占用内存空间。

5.3.2 函数的返回值

通常情况下,函数的调用是为了完成某项操作或进行运算。如果调用函数的目的是为了完成一项运算从而得出一个结果,这时需要将这个结果传递给函数调用的语句,这个结果被称为返回值。反之,如果某个函数不进行运算或函数的运算与函数的调用无关,则此函数不需要返回值。

如果一个函数需要返回值,可以使用返回值语句来完成相应操作。返回值语句的一般形式为

```
return 表达式;
```

注意

• 在默认情况下函数的返回值是 int 类型。如果在定义函数时,函数名前没有写数据类型,则函数返回值均为 int 类型。

• 函数的返回值与返回值语句中的表达式或变量的数据类型应该相同,如果二者数据类型不相同,系统会完成自动转换,将返回值语句中表达式的值的数据类型转换成函数的返回值的数据类型。

• 如果函数没有返回值,则可以认为此函数的数据类型是 void,即空类型。没有返回值的函数中,不需要写返回值语句。如果要写的话,格式为

```
return;
```

例如,在例 5.3 中,sum 函数中函数体的最后一句“return z;”就是一个返回值语句。在此函数中,可以省略变量 z,即可以在返回值语句中的 return 后写一个表达式而非一个变量,则整个函数可以简化为

```
int sum(int x,int y)
{
  return x+y;
}
```

同时，返回值语句中的表达式数据类型为 int 类型，所以在 sum 函数定义时，函数名前的数据类型定义可以省略，即整个函数可以简化为

```
sum(int x,int y)
{
  return x+y;
}
```

5.3.3　函数调用的方法

1. 函数调用的方法

定义自定义函数的目的是为了实现函数的功能，函数的调用则使函数的功能得以实现。在函数调用时，调用其他函数的函数称为调用函数，被其他函数调用的函数称为被调用函数。函数调用的一般形式为

函数名(实参列表)；

在调用时，实参和形参是一一对应的，数据类型、个数、先后顺序都应一致。对无参函数调用时则无实际参数表。在调用时，实际参数表中的参数可以是常数、变量或其他构造类型数据及表达式，各实参之间用逗号隔开。

调用函数有 3 种常见形式：

(1)函数作为单独的语句。如果函数可以独立完成一个操作，可是直接使用函数调用语句来作为一个单独的语句，以完成函数的功能，例如：

```
printf("hello world");
scanf("%d",&a);
```

(2)函数作为表达式的一部分。函数可以作为表达式的一部分参与到运算当中，例如：

```
s=sqrt(a+b)+sqrt(a-b);
n=pow(x,y);
```

(3)函数作为参数。一个函数的返回值可以作为其他函数的实参来使用，例如：

```
i=sin(fabs(x));
a=acos(exp(x));
```

2. 函数调用的方法相关程序举例与仿真测试

例 5.4　通过函数求 x 的 y 次方。

```
float powxy(float a,float b)
{
  int i;
  float c=1;
  for(i=1;i<=b;i++)
  c=c*a;
  return c;
}
main()
{
```

```
        float x,y,z;
        scanf("%f%f",&x,&y);
        z=powxy(x,y);
        printf("%f",z);
    }
```

例5.4的运行输出如图5.4所示。

```
2 3
8.000000Press any key to continue
```

图5.4　例5.4程序的运行结果

5.3.4　被调用函数的声明和函数原型

1.被调用函数的声明

一个变量在使用之前,必须要先定义才能进行赋值等操作,而一个函数在被调用之前,同样也需要先定义,否则的话将不能被调用。

被调用函数分为两种情况:

(1)被调用函数是库函数。此时,需要在程序的开头通过#include命令引用相应的头文件,否则库函数将不能被识别。引用头文件的一般形式为

#include<头文件名>或#include"头文件名"

例如:#include<stdio.h>　　/*stdio.h当中标准输入/输出函数*/

#include<time.h>　　/*time.h当中包含时间和日期处理函数*/

#include"math.h"　　/*math.h当中包含数学函数*/

(2)被调用函数是自定义函数。如果被调用的自定义函数与调用函数不在一个文件中,将涉及第9章的内容。当被调用的自定义函数与调用函数在同一文件中时,则需要使被调用的函数先定义,然后才能在调用函数中进行调用。如果被调用函数的定义在调用函数之后出现,则需在调用函数中对被调用函数进行声明。被调用函数的声明目的在于告诉程序被调用函数的名称、数据类型、参数等情况。被调用函数声明的一般形式如下:

类型说明 函数名(参数列表);

例如:int sum(int a,int b,int c);

test();

注意

• 如果函数定义发生在函数调用之前,可以省略被调用函数的声明。

• 被调用函数的声明可以发生在所有函数定义之前,即在引用头文件之后。这样,当一个函数被多个函数调用时,不需要在多个函数中反复声明。

• 声明中的类型说明应与函数定义时的类型一致。

• 声明中参数列表的个数和数据类型应与函数定义时的形参的个数和数据类型相对应,且先后顺序不能打乱。如果没有参数,则参数列表可以为空,但()不能省略。

2. 被调用函数的声明相关程序举例与仿真测试

例 5.5　已知三角形的三边长，通过使用函数计算三角形面积。

```
#include<math.h>
float area(float x,float y,float z);
main()
{
  float a,b,c,s;
  scanf("%f%f%f",&a,&b,&c);
  s=area(a,b,c);
  printf("%f",s);
}
float area(float x,float y,float z)
{
  float s;
  s=(x+y+z)/2;
  if((s-x)*(s-y)*(s-z)<0) return 0;
  return sqrt(s*(s-x)*(s-y)*(s-z));
}
```

例 5.5 的运行输出如图 5.5 所示。

```
2 2 2
1.732051Press any key to continue_
```

图 5.5　例 5.5 程序的运行结果

注意　如将函数声明语句“float area(float x,float y,float z);”删除掉，在编译时将会出现错误。“float area(float x,float y,float z);”的位置也可以写在 main()之内。

3. 函数原型

函数原型是一条语句，与函数的声明类似。函数原型由函数返回类型、函数名和参数列表组成，其中在参数列表中不必包含参数的名字，可只包含参数的类型。函数原型的一般形式与函数的声明一致。在声明被调用函数时，可以不使用函数调用语句而直接使用函数原型。如例 5.5 中的函数调用语句可以直接写成“float area(float,float,float);”。通过函数原型可以清楚地知道函数的返回值类型和参数的个数及数据类型。

5.3.5　数组作为函数参数

函数的参数可以由多种数据类型构成，如整型、实型、字符型。另外，数组的各个元素和数组名也可以作为函数的参数。当数组元素做参数时，可以充当函数的实参。当数组名做参数时，可以充当函数的实参或形参，此时传递的数据不再是数值，而是数组的地址。

例 5.6　通过函数求一个 4×4 的整型二维数组中最大的数。

```
findmax(int a[][4])
```

```
{
    int i,j,max;
    max=a[0][0];
    for(i=0;i<4;i++)
    for(j=0;j<4;j++)
      if(a[i][j]>max) max=a[i][j];
    return max;
}
main()
{
    int a[4][4];
    int i,j;
    for(i=0;i<4;i++)
    for(j=0;j<4;j++)
      scanf("%d",&a[i][j]);
    printf("max is %d",findmax(a));
}
```

例 5.6 的运行输出如图 5.6 所示。

```
1 2 3 4
11 12 13 14
21 22 23 24
31 32 33 34
max is 34Press any key to continue
```

图 5.6 例 5.6 程序的运行结果

注意 语句"printf("max is %d",findmax(a));"就是使用函数名作为实参,而 findmax()使用数组作为形参。当数组名同时作为形参和实参时,形参数组和实参数组的数据类型必须一致,不过由于在函数调用时形参数组传递的数据是地址,所以形参数组和实参数组的长度可以不同。

5.4 函数的嵌套与递归调用

5.4.1 函数的嵌套调用

1. 函数的嵌套调用

函数的嵌套调用的概念与选择结构和循环结构的嵌套使用类似。在函数调用时,如果存在一个函数在调用其他函数的同时被其他函数调用,则称这种调用模式为函数的嵌套调用。函数的嵌套调用是C语言程序设计所要求的自顶向下、逐步求精设计理念的基石。

如存在 3 个函数 main(),f1(),f2(),这 3 个函数之间的调用关系为:main()调用 f1(),而

f1()调用 f2(),则函数的具体流程示意如图 5.7 所示。

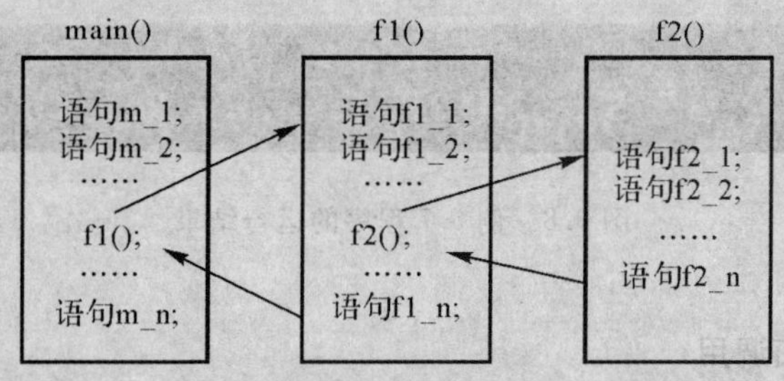

图 5.7 函数嵌套调用流程示意图

具体流程为:程序运行时由 main()开始,按照程序的预定流程执行各语句。当运行到函数调用语句 f1();时,程序流程转入 f1()开始执行。当在 f1()中运行到函数调用语句 f2();时,程序流程转入 f2()开始执行。当 f2()运行结束后,程序流程转回到 f1()当中,执行 f1()余下未执行的语句。执行完毕之后,程序流程转回到 main()当中,执行 main()余下未执行的语句。如果 f2()当中有关于其他的函数调用,则会转入其他函数运行,直到所有调用进行完毕为止。如果某个函数被调用的时间越晚,则开始执行的时间越晚,但结束的时间越早。

2. 函数的嵌套调用相关程序举例与仿真测试

例 5.7 通过函数求 $1^1+2^2+3^3+\cdots+n^n$ 的和。

```
#include<stdio.h>
long powx(int x)
{
  int i;
  long y=1;
  for(i=1;i<=x;i++) y*=x;
  return y;
}
long sum(int x)
{
  int i;
  long y=0;
  for(i=1;i<=x;i++) y+=powx(i);
  return y;
}
main()
{
  int n;
  scanf("%d",&n);
  printf("1∧1+2∧2+3∧3+…+%d∧%d = %ld",sum(n));
}
```

例 5.7 的运行输出如图 5.8 所示。

```
5
1^1+2^2+3^3+…+5^5 = 3413Press any key to continue_
```

图 5.8　例 5.7 程序的运行结果

5.4.2　函数的递归调用

1. 函数的递归调用

当发生函数调用时，可能存在一个函数调用自己，这样的情况称为函数的递归调用。函数的递归调用可以分为直接递归调用和间接递归调用两种。例如，在 f1()当中存在调用 f1()的语句，这样的递归调用称为直接递归调用；在 f1()当中存在调用 f2()的语句，而在 f2()当中存在调用 f1()的语句，这样的递归调用称为间接递归调用。递归调用过程如图 5.9 所示。

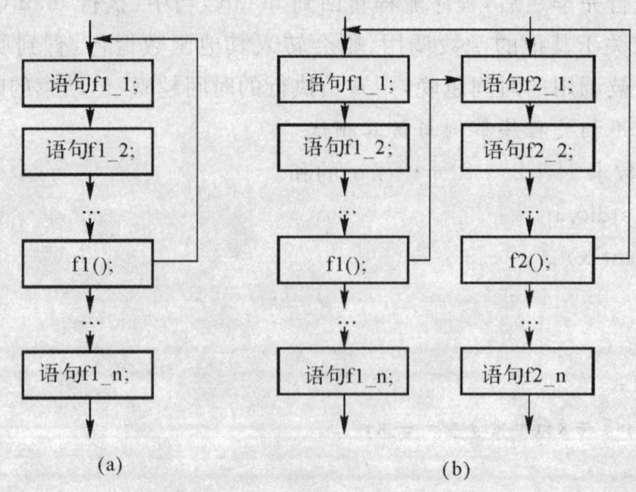

图 5.9　函数的递归调用

(a)直接递归调用；（b)间接递归调用

递归调用使得程序的编写简化，便于编程人员构思，但程序的执行效率不高。如有函数f()如下所示：

```
int f(int x)
{
    int a;
    a=f(x);
    return a;
}
```

这种情况是一个函数的直接递归调用，但这个函数会无休止地调用自身，无法终止。这样的结果是不允许的。如同循环结构中必须存在使循环终止的条件一样，一个函数的递归调用必须存在一个可以使递归调用终止的条件，这样可以使函数的运行结束。

2. 函数的递归调用相关程序举例与仿真测试

例 5.9　通过函数的递归调用求 n!。

在数学上定义，当 n>0 时 n！ =n×(n－1)!，当 n=0 时 n!=1，当 n<0 时不能使用阶乘。这样的定义可以描述为

$$n! = \begin{cases} 1, & n=0 \\ n\times(n-1)!, & n>0 \end{cases}$$

在这种描述下可以认为，当 n>0 时使用函数的递归调用，当 n=0 时，结束递归调用。

具体程序如下：

```
#include<stdio.h>
long factorial(int x)
{
  if(x>1) return x * factorial(x-1);
  else if(x=1) return 1;
}
main()
{
  int n;
  scanf("%d",&n);
  if(n<0) printf("error");
  else printf("n! =%ld",factorial(n));
}
```

例 5.9 的运行输出如图 5.10 所示。

```
5
5!=120Press any key to continue_
```

图 5.10　例 5.9 程序的运行结果

注意　“if(x>0) return (x * factorial(x－1));”这一句是关键，正是这一句构成了函数的递归调用。当输入值为 5 时，程序的流程如图 5.11 所示。

此时，函数 factorial()的流程主要涉及两个部分：递归部分和回溯部分。在递归部分当中，函数不断转化为数据更小的新一级问题，即总是将 n 转化为 n－1 来进行运算。在回溯部分中，函数的流程按照递归部分的逆过程进行，即总是将 n－1 得到的结果带入到 n 中进行运算，直至完成整个递归调用。使用函数的递归调用求解 n! 的运算量比使用循环结构来求解 n! 的运算量要大得多。通常情况下，如果一个问题可以同时使用递归或循环来解决，递归的运算量总是远大于循环的运算量，但使用递归可以使程序的结构简化，使得编程人员的负担变小。在计算机允许的范围内，合理地使用函数的递归调用是一种良好的编程手段。

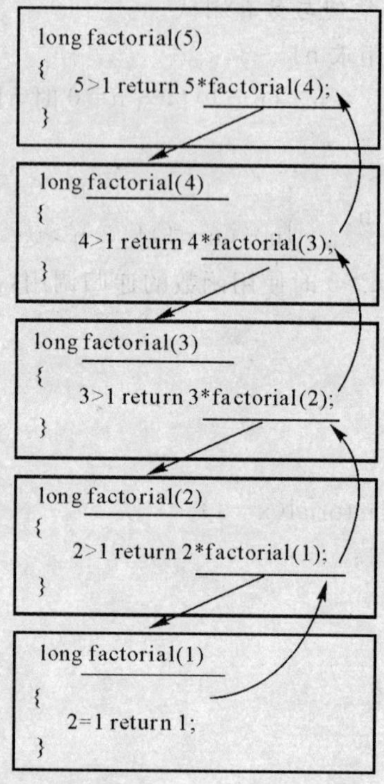

图 5.11　例 5.9 程序的流程示意图

例 5.10　通过函数的递归调用求解 x^n。

分析　如果 n 是正整数，当 n=1 时，$x^n=x$；当 n>1 时，$x^n=x^{n-1}\times x$。这样的定义可以描述为

$$x^n=\begin{cases} x, & n=1 \\ x^{n-1}\times x, & n>1 \end{cases}$$

在这种描述下可以认为，当 n>1 时使用函数的递归调用；当 n=1 时，结束递归调用。

具体程序如下：

```
#include<stdio.h>
long powxn(int x,int n)
{
  if(n>1) return x*powxn(x,n-1);
  else if(n==1) return x;
}
main()
{
  int x,n;
  scanf("%d%d",&x,&n);
  if(n<0) printf("error");
  else printf("%d∧%d=%ld", x,n,powxn(x,n));
```

}

例 5.10 的运行输出如图 5.12 所示。

```
2 7
2^7=128Press any key to continue
```

图 5.12　例 5.10 程序的运行结果

5.5　变量的作用域

一个程序中所用到的变量并不总是有效的，而限定这个变量总是可以使用的范围就是这个变量的作用域，即一个变量能够被使用的程序范围。当一个程序中只有一个主函数时，所有的变量都只在主函数中生效。这时所有的变量的作用域是相同的，都是在主函数中。当一个程序有多个函数时，可能存在某些变量在某个函数中可以使用，而在其他函数中不能直接被使用，同时，某些变量可以在所有的函数中使用。可以在所有函数中被使用的变量称为全局变量，其他变量称为局部变量。

5.5.1　局部变量

定义函数时，在函数体内定义的变量是局部变量，也称内部变量。局部变量的作用域被限制在该函数内，从其定义之处起生效，在函数结束时失效。如有以下程序：

```
int f1()
{
    int x,y;            /* 局部变量 */
    ……
}
int f2()
{
    int x,a;            /* 局部变量 */
    ……
}
main()
{
    int b,y;            /* 局部变量 */
    ……
}
```

以上函数中，a,b,x,y 都是局部变量，虽然在 f1() 和 f2() 当中同样定义了整型变量 x，但这两个变量实际上是不同的对象。

注意

• 局部变量的作用域是定义这个变量的函数，在其他函数中不能使用。

• 不同函数中的局部变量可以使用相同的标识符，但是它们使用的存储空间是不相同的，相互间没有联系。

• 如果一个变量在某个函数中的复合语句当中定义，那么这个变量只能在该复合语句中使用，在复合语句之外不能使用。例如：

```
main()
{
  int a1,b;
  /*a1 和 b 可以在整个函数中使用，此处的变量 b 与复合语句之的变量 b 是两个
  变量*/
    ……
  {
  int a2,b;
  /*a2 和 b 只能在此复合语句中使用，此处的变量 b 与复合语句之外的变量 b 是
  两个变量*/
  ……
  }
}
```

5.5.2 全局变量

在函数之外定义的变量叫做全局变量，也称外部变量。全局变量的作用域是从该变量被定义起直至整个程序结束。如有以下程序：

```
int x1,y1;          /*全局变量*/
int f1()
{
  ……
}
int x2,y2;          /*全局变量*/
int f2()
{
  ……
}
main()
{
  int x,y1;        /*局部变量*/
  ……
}
```

以上函数中，main()之前定义的 x1,y1,x2,y2 是全局变量，其中 x1,y1 的作用域是整个程序，x2,y2 的作用域是从 f2()起到程序结束。x2,y2 在 f1()当中不能直接使用，如果要使用需要声明。main()当中的 y1 是局部变量，与全局变量 y1 是没有联系的。

注意

• 如果一个函数中定义的局部变量与全局变量同名，则这个函数中局部变量生效，全局变量不起作用。

• 如果一个函数使用了一个在其之前定义的全局变量，可以直接使用。如果一个函数使用了一个在其之后定义的全局变量，则需要声明。

• 如果某个函数中改变了全局变量的值，则从此函数之后的全局变量的值也随之改变。

• 全局变量在程序执行的全过程中都占用存储空间。如果全局变量使用过多，会使得程序的可读性下降，造成程序书写困难或发生错误。

5.5.3　变量的生存期

变量的生存期指变量占用存储空间的时间周期，也就是在程序中变量存在的时间周期，即从给变量分配内存空间起，直至这部分空间被系统收回的时间。变量的作用域不同，变量的生存期也不同。

从生存期的角度考虑，变量可以分为静态变量和动态变量两种。静态变量按照静态存储方式存储。静态存储指在程序中各运行时间内，变量始终占用存储空间。动态变量按照动态存储方式存储。动态存储指在程序运行期间，根据变量的使用临时分配存储空间。

通常情况下，全局变量是静态变量，始终占用存储空间，而局部变量通常是动态存储的，一旦使用完毕后，所占用的存储空间即被释放。

5.6　程序举例

5.6.1　函数调用举例与运行测试

例 5.11　求方程 $ax^2+bx+c=0$ 的实根。其中 a，b，c 由用户输入。

分析　根据 a，b，c 值的不同，方程 $ax^2+bx+c=0$ 的实根可能存在 4 种情况：

(1) a=0，不是二次方程。

(2) $b^2-4ac=0$，有两个相等实根。

(3) $b^2-4ac>0$，有两个不等实根。

(4) $b^2-4ac<0$，有两个虚根。

具体程序如下：

```
#include<math.h>
float linear(float b,float c)
{
  printf("a=0,the equation is a linear equation,the root is %f",-c/b);
}
float quadratic(float a,float b,float c)
{
  float d,x1,x2,xx,xy;
  d=b*b-4*a*c;
```

```
    if(fabs(d)<=1e-6)
    printf("the equation has two equal real roots:%6.2f\n",-b/(2*a));
    if(d>0)
    {
      x1=(-b+sqrt(d))/(2*a);
      x2=(-b-sqrt(d))/(2*a);
      printf("the equation has two distinct real roots:%6.2f and %6.2f\n",x1,x2);
    }
    if(d<0)
    {
      xx=-b/(2*a);
      xy=sqrt(-d)/(2*a);
      printf("the equation has two complex roots:\n");
      printf("%6.2f+%6.2fi    and    %6.2f-%6.2fi",xx,xy,xx,xy);
    }
  }
main()
{
    float a,b,c;
    printf("Please enter a,b,c:\n");
    scanf("%f%f%f",&a,&b,&c);
    printf("the equation is (%6.2f)x∧2+(%6.2f)x+(%6.2f)=0\n",a,b,c);
    if(fabs(a)<=1e-6) linear(b,c);
    else quadratic(a,b,c);
}
```

分析 用户输入 a,b,c 之后,程序对 a,b,c 的值进行分析。如果 a=0(通过 if(fabs(a)<=1e-6)判断),则判断为 1 次方程,使用 linear()进行运算。如果 a≠0,则判断为 2 次方程,使用 quadratic ()进行运算。在 quadratic ()中,根据判别式(d=b*b-4*a*c;)判断方程有实根或虚根,判断后计算并输出。

注意 equation:方程。linear equation:一次方程。quadratic equation:二次方程。real root:实数根。complex root:虚数根。

例 5.11 的运行输出如图 5.13 所示。

```
Please enter a,b,c:
1 2 1
the equation is (  1.00)x^2+(  2.00)x+(  1.00)=0
the equation has two equal real roots: -1.00
Press any key to continue
```

图 5.13 例 5.11 程序的运行结果

```
Please enter a,b,c:
1.2 2 4.8
the equation is ( 1.20)x^2+( 2.00)x+( 4.80)=0
the equation has two complex roots:
 -0.83+  1.82i    and    -0.83-  1.82iPress any key to continue
```

(续)图 5.13　例 5.11 程序的运行结果

5.6.2　函数嵌套调用举例与运行测试

例 5.12　有一个长度为 10 的数组，分析其中各个元素，将正数改变成 1，负数改变成 −1，0 保持不变。变化部分在自定义函数中完成。

分析　对数组的各个元素进行分析，需要使用循环遍历数组。当元素为正数或负数时，替换数组元素。

具体程序如下：

```
#include<stdio.h>
zero(){}
minusone()
{
  return -1;
}
plusone()
{
  return 1;
}
change(int a)
{
  if(a>0) a=minusone();
  else if(a<0) a=plusone();
  return a;
}
main()
{
  int a[10];
  int i;
  for(i=0;i<10;i++)
  scanf("%d",&a[i]);
  for(i=0;i<10;i++)
  {
  if(a[i]==0) zero();
```

```
    else a[i]=change(a[i]);
  }
  for(i=0;i<10;i++) printf("%6d",a[i]);
}
```

注意 本程序使用了 zero(),minusone(),plusone() 3 个函数来改变数组元素的值,其中 zero()是空函数。main()调用了 zero()和 change(),change()调用了 minusone()和 plusone()。为了使读者了解函数的嵌套调用,本函数写法比较复杂,如果本程序不使用函数的嵌套调用,写法会更简便。

例 5.12 的运行输出如图 5.14 所示。

```
2 3 4 -1 0
-2 -3 0 5 -100
 -1 -1 -1  1  0  1  1  0 -1  1Press any key to continue
```

图 5.14 例 5.12 程序的运行结果

5.6.3 函数递归调用举例与运行测试

例 5.13 通过函数的递归调用输出斐波那契数列(Fibonacci)。

分析 斐波那契数列是 1,1,2,3,5,8,13,21,…的一个无限数列,除了前两位以外,从第三位开始,每一位数据都等于其前两位之和。可以进行如下描述:

$$fib()=\begin{cases} 1, & n=1,2 \\ fib(n-2)+fib(n-1), & n>=2 \end{cases}$$

如此可以通过函数的递归调用来计算斐波那契数列中第三位以后的数据。

具体程序如下:

```
#include<stdio.h>
int n;
long fib(int n)
{
  long f;
  if(n==1||n==2) f=1;
  else if(n>=3) f=fib(n-2)+fib(n-1);
  return f;
}
main()
{
  int i,x=0;
  scanf("%d",&n);
  for(i=1;i<=n;i++)
  {
```

```
        printf("%6ld",fib(i));
        x++;
        if(x%5==0) printf("\n");
    }
}
```

注意　斐波那契数列到30位之后数据会变得较大,造成运算时间较长。

例5.13的运行输出如图5.15所示。

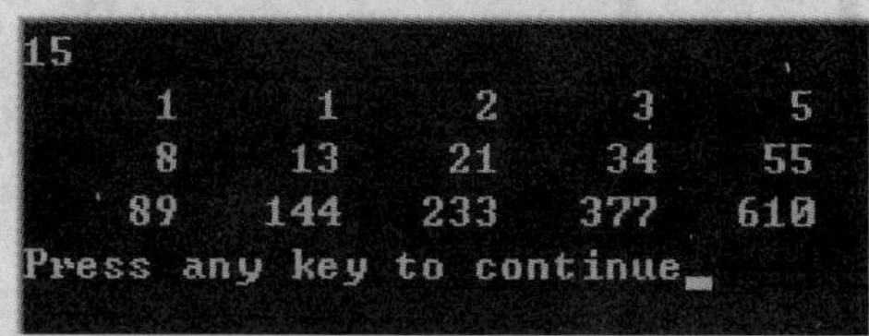

图5.15　例5.13程序的运行结果

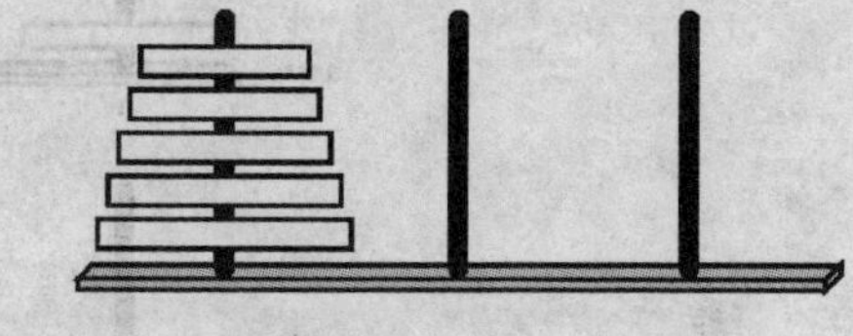

图5.16　汉诺塔示意图

例5.14　通过函数的递归调用求解Hanoi塔问题。

Hanoi塔(汉诺塔,又称河内塔)问题源于印度神话里的玩具。上帝创造世界的时候做了3根金刚石柱子,在一根柱子上从下往上按大小顺序摞着64片黄金圆盘。上帝命令婆罗门把圆盘从第一个柱子开始按大小顺序重新摆放在第三个柱子上,并且规定,在小圆盘上不能放大圆盘,在三根柱子之间一次只能移动一个圆盘。汉诺塔示意图如图5.16所示。

分析　对于此问题可以有如下设定,设3个塔分别为a,b,c,圆盘共有n个(按从小到大排序,即圆盘n永远比圆盘n－1要大),目的是借助b将a上的n个圆盘移动到c上。

当n＝1时:

将唯一的圆盘1从a移动至c。

步骤即为:a→c。

当n＝2时:

①将圆盘1(即n－1)从a移动至b。

②将圆盘2(即n)从a移动至c。

③将圆盘1(即n－1)从b移动至c。

步骤即为:a→b,a→c,b→c。

当n＝3时:

①将圆盘1(即n－2)从a移动至c。

②将圆盘2(即n－1)从a移动至b。

③将圆盘1(即n－2)从c移动至b。

以上3步为将圆盘3(即n)以外的所有圆盘从a通过c移动至b。

④将圆盘3(即n)从a移动至c。

⑤将圆盘1(即n－2)从b移动至a。

⑥将圆盘2(即n－1)从b移动至c。

⑦将圆盘1(即n－2)从a移动至c。

以上3步为将圆盘3(即n)以外的所有圆盘从b通过a移动至c。

步骤即为:a→c,a→b,c→b,a→c,b→a,b→c,a→c。

有 3 个圆盘的汉诺塔示意图如图 5.17 所示。

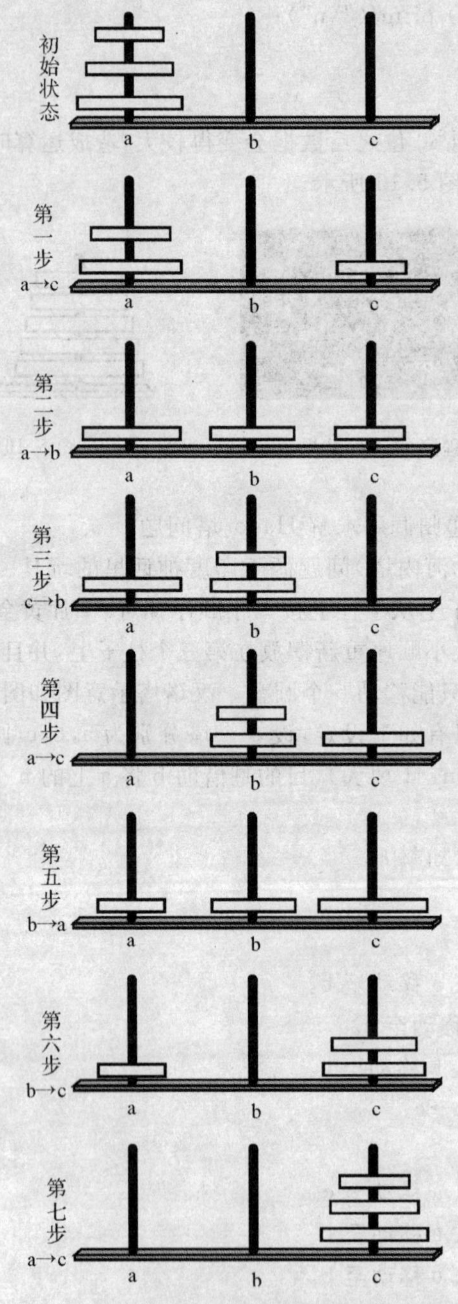

图 5.17　有 3 个圆盘的汉诺塔示意图

按照上述分析,汉诺塔问题可简述为:如有 n 个圆盘需要从 a 通过 b 移动至 c,当 n=1 时,从 a 移动至 c;当 n>1 时,将 n－1 个圆盘从 a 移动至 b,将圆盘 n 从 a 移动至 c,将 n－1 个圆盘从 b 移动至 c,总的移动次数为 2^n-1 次。这样,可以通过一个函数的直接递归将问题解决。具体程序如下:

```
hanoi(int n,char a,char b,char c)
{
  if(n==1)
  printf("Move No. %d:%c-->%c\n",n,a,c);
  else
  {
    hanoi(n-1,a,c,b);
    printf("Move No. %d:%c-->%c\n",n,a,c);
    hanoi(n-1,b,a,c);
  }
}
main()
{
  int n;
  scanf("%d",&n);
  hanoi(n,'a','b','c');
}
```

```
3
Move No.1:a-->c
Move No.2:a-->b
Move No.1:c-->b
Move No.3:a-->c
Move No.1:b-->a
Move No.2:b-->c
Move No.1:a-->c
Press any key to continue
```

图 5.18　例 5.14 程序的运行结果

例 5.14 的运行输出如图 5.18 所示。

本章小结

(1)函数的基本概念和基本作用。

(2)定义函数的一般形式为

```
[函数数据类型] 函数名([形参说明][形参列表])
{
    函数体;
}
```

(3)函数的形参与实参是在不同函数互相调用时传递数据的通道,形参和实参的数据类型和个数应该相同。实参占用内存空间而形参不占用内存空间。

(4)在函数调用时,应注意函数的返回值以及被调用函数是否需要在调用函数中声明。

(5)函数的嵌套与递归调用是函数使用时的两种高级方法,对于降低程序编写的难度有着很好的作用,应熟练掌握。

(6)变量分为局部变量和全局变量,如果全局变量使用过多会造成程序编写困难和程序本身的不稳定。

练　习　题

一、选择题

1.关于函数的定义和调用,如下说法正确的是(　　)。
(A)函数可以嵌套定义,但不能嵌套调用
(B)函数可以嵌套调用,但不能嵌套定义
(C)函数可以同时嵌套定义和调用
(D)函数不能嵌套定义和调用
2.函数的返回值的数据类型由(　　)决定。
(A)return 语句中表达式的数据类型
(B)定义函数时对函数指定的数据类型
(C)调用函数的数据类型
(D)以上皆是
3. 关于变量的定义,以下正确的是(　　)。
(A)变量的定义必须在程序的开头
(B)变量的定义必须在函数的开头
(C)变量的定义可以在此变量使用之后
(D)变量的定义可以在某个函数结束之后

二、简答题

1. C 语言中定义函数的格式是什么? 函数体由什么构成?
2. 函数的形参和实参分别是什么? 有什么异同?
3. 简述递归调用的方法。
4. 简述全局变量和局部变量的联系及其异同。

三、程序设计题

1. 计算一个长方体的体积。长方体的长、宽、高在函数中输入,计算部分由自定义函数完成。

2. 分别使用循环方法和递归方法计算 s=1/1! +1/2! +1/3! +…+1/n!。计算部分在自定义函数中完成。

3. 有一个长度为 10 的数组,将所有数组元素按升序输出。排序部分在自定义函数中完成。

4.有一个 4×4 的二维数组,将数组的行列互换后输出。行列置换部分在自定义函数中完成。

5.编制一个猜数程序。程序给定一个随机整数,用户反复从键盘输入正数进行猜数。如果猜中,提示用户猜数成功并输出猜数的次数。如果没猜中,则提示用户的数据是偏大还是偏小。最多允许猜 15 次。

第6章 指　针

在C语言中，指针是一个重要的概念，也是C语言本身的一个特色。C语言之所以强大，以及其自由性，很大部分体现在其灵活的指针运用上。因此，说指针是C语言的灵魂，一点都不为过。正确而灵活地掌握和使用指针，可以使程序简洁、紧凑和高效。本章将介绍指针的基本概念，并通过数组和字符串与指针结合的应用，来讲述指针的使用方法和技巧，最后结合实例来讨论指针的应用。

6.1　指针的基本概念

要想弄明白指针的概念，首先需要了解数据在内存中是如何存储和读取的。举个例子来说，有A,B,C 3个人欲借用旅馆的某个房间，A首先到达了旅馆，并且在服务台登记了房间，则旅馆将房间号为5818的空闲房间分配给A使用。然后，A打电话通知B自己的房间号，但是没有通知C；这时，B和C该怎样才能找到A呢？B可以直接到5818房间找到A，而C可以从服务台查有关于A的信息，得知A的房间号是5818，再找到A。在C语言中，前者找到A的方式称为直接访问，后者的方式称为间接访问。

计算机的数据是存储在内存中的，而内存又被划分为若干个存储单元，每个基本的存储单元是可以存放8位二进制数据的，即常说的一个字节(byte)。内存中的每一个用于存储的单元都有一个特定的编号，这个编号就是地址，它相当于旅馆中的房间号。当一个程序中定义了一个变量，在系统对程序进行编译的时候，系统就会为变量分配存储单元，这个存储单元的地址就是程序中定义的变量的地址，地址是无符号的整型数据。在内存单元中，采用线性地址编码，每个存储单元具有唯一一个地址编码。例如：

```
int a=3;
float b=5;
```

则在内存单元中，分配给变量a的存储单元的起始地址为3AB0，由于变量a定义为整型数据，需要占用两个字节的存储单元，因此地址3AB0～3AB7都被分配给变量a使用；而分配给变量b的存储单元的起始地址假设为3AB8，则由于其为浮点型数据，需占用4字节的存储单元。

由此可知，当一个程序中存在变量，变量存在时是有地址的，而地址是用二进制进行编码的，因此地址也可能成为程序处理的数据。地址作为数据有什么作用呢？如果程序可以处理对象的地址，就可以通过地址处理相关的对象。所以，对象(如变量)的地址也被称为数据，这种数据就叫做地址值或者指针值，则以地址为值的变量称为指针变量或者指针(pointer)。指针是一种访问其他对象的手段，利用这种机制能够更方便灵活地实施对各种对象的操作。利用指针，就可以实现前边提到的间接访问的方式——通过指针访问被指的对象。除此之外，指针还能够保存其他对象的地址，如图6.1所示。

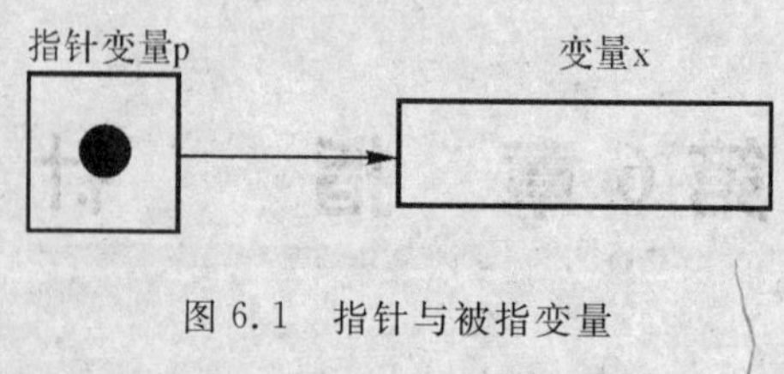

图 6.1　指针与被指变量

指针可以被赋值，其指向在执行的过程中是可变的，如图 6.1 所示，指针 p 定义指向变量 x，在后边的操作中也可以定义指针 p 指向变量 y。这样，通过 p 访问被指对象的语句，前一次访问的是变量 x，后一次访问的是变量 y，这样的做法对提高程序的灵活性有很好的作用。

所以，在 C 语言中，利用指针可以写出非常简洁、高效的程序，有些程序则必须用指针来进行处理。在某些大型的复杂软件中，指针的使用非常广泛，指针的使用水平是评价一个人 C 语言程序设计能力的重要指标。指针的功能强大，使用灵活，对初学者来说掌握起来比较困难，很容易出错，所以在学习过程中要特别注意指针中容易出错的地方，多上机，多比较，在实践中掌握指针的概念。

6.2　与变量相关的指针

如前所述，变量的指针就是变量的地址。存放变量地址的变量是指针变量，它是用来存放地址的变量的。比如，p 为一个指针变量，它存储着整型变量 a 的首地址，指针变量 p 指向整型变量 a，在程序中，用符号“＊”来表示“指向”。

6.2.1　定义一个指针变量

C 语言规定，所有的变量在使用前必须定义，在定义中必须指明变量的类型，按照不同的变量类型，对其分配存储单元。因此，指针变量也是有类型的，同类型的指针变量只能保存同类型的变量的地址。

定义指针变量的一般形式为

基类型 ＊指针变量名

例如：
```
int *p, *q;
float *pointer_3;
char *pointer_4;
```

以上都是合法的指针的定义方法，需要特别注意的是，定义指针必须指明变量类型。由于指针变量比较特殊，可以认为，指针变量的类型指的是所指向的内存单元中存放的数据类型。在指针变量的定义中，符号“＊”是一个说明符，它表明其后的变量是指针变量，即在上例中，指针变量是 p，q，pointer_3，pointer_4，而不是＊p，＊q，＊pointer_3，＊pointer_4。另外，指针变量中存放的是所指向存放某个数据的地址值，而普通变量保存的是该变量本身的值。

指针既然是变量，当然也可以赋值和取值。可以用赋值语句使一个指针变量得到另一个变量的地址，从而使它指向该变量。特别注意的是，指针变量的值为地址，是无符号的整数。但是不能直接把整型常量值赋给指针变量。常见指针变量的赋值方法有如下几种：

1. 用变量的地址给指针变量赋值

```
int a, *p;
```

p=&a;

其中,符号"&"为取地址运算符。符号"&"写在变量名称前,以取得变量的地址,这个地址就是与之相对应同类型的指针值,可赋给同类型的指针。例如,a 的地址为 4000,则其赋值情况如图 6.2 所示。

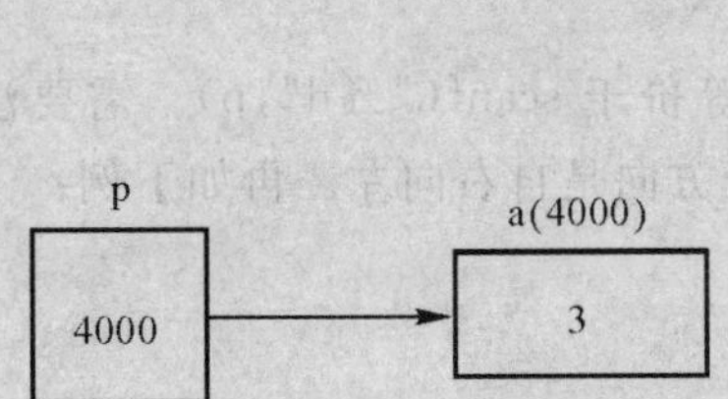

图 6.2 用变量地址给指针变量赋值

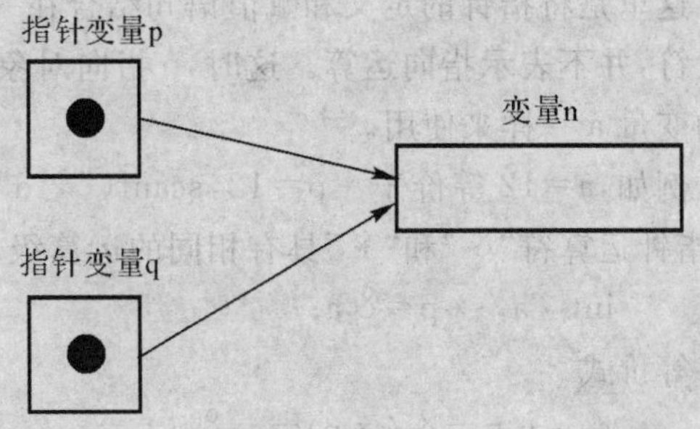

图 6.3 两个指针指向同一个变量的情况

2. 用相同类型的指针值为指针变量赋值

int n; int *p, *q; p=&n; p=q;

其中,p,q 为两个整型类型的指针变量,通过取地址运算符号"&",将整型变量 n 的指针值赋给指针变量 p,此时可以说指针变量 p 指向变量 n;另外,通过语句 p=q,又将其赋给了另外一个指针变量 q,此时,指针变量 q 也同样指向变量 n(见图 6.3)。多个指针变量可以同时指向同一变量,变量相等就是值相等,指针变量相等说明两个指针指向程序里的同一个数据。如果不给指针变量赋值的话,则指针变量的值是随机分配的。

3. 为指针变量赋空值

给指针变量赋空值,说明该指针不指向任何变量。

空指针值用 NULL 表示,NULL 是在头文件 stdio.h 中预定义的变量,其值为 0,在使用时需加上预定义行,如

```
#include "stdio.h"
int  *p=null;
```

亦可用下面的语句给指针赋"空值":

p=0;

或者

p='\0';

这里指针 p 并非指向 0 地址单元,而是具有一个确定的"空值",表示 p 不指向任何变量。

注意 指针虽然可以赋值 0,但却不能把其他的常量地址赋给指针,如 p=400 就是非法的。

6.2.2 指针变量的用法

请牢记,指针变量中只能存放地址(指针),不要将一个整数(或任何其他非地址类型的数据)赋给一个指针变量。与指针有关的运算符有:取地址运算符"&",前边已经介绍过;指针运算符"*",或称为指向运算符、间接运算符。

如有定义：

```
int a, *p=&a;
```

或者

```
int  a, *p; p=&a;
```

这里是将指针的定义和赋值语句结合在一起使用，其中要注意，定义语句中的“*”是指针定义符，并不表示指向运算。这时，p 指向对象 a，而 *p 与 a 是等价的，因此形式 *p 可以像普通的变量 a 一样来使用。

例如，a=12 等价于 *p=12，scanf("%d",&*p)等价于 scanf("%d",p)。需要注意的是，指针运算符“&”和“*”具有相同的运算级，并且结合方向是自右向左。再如下例：

```
int  a, *p=&a;
```

则有等价式

```
&*p==&(*p)==&a==p
```

上式均表示对变量 *p(即变量 a)取地址运算，其中的结合方向请读者仔细体会。

例 6.1 指针变量的定义与用法。

```
main()
{
  int a, b;
  int *pointer_1, *pointer_2;
  a=100;b=10 ;
  pointer_1=&a;
  pointer_2=&b;
  printf("%d,%d\n",a,b);
  printf ("%d,%d\n",*pointer_1,*pointer_2);
}
```

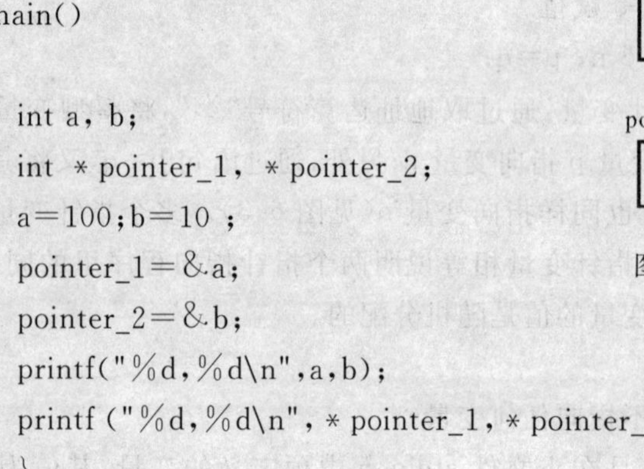

图 6.4 例 6.1 指针变量的定义和使用

其运行情况如下：

```
100,10
100,10
```

本程序的运行过程如图 6.4 所示。

6.2.3 指针变量作为函数参数

通过前边的学习，知道要从被调用函数带回值到主调函数可以有 3 种方式：

(1)用 return 语句(return 语句只能带回一个值)。

(2)采用全局变量。

(3)用数组作为函数的参数(可以带回多个同类型的值)。

利用指针作为函数的参数，也可以使在被调用函数中改变了的变量的值能够被主调函数得到，也就是说，通过指针也可以带回一个或多个任意类型的值。当形参为指针变量时，其对应的实参也必须是指针变量或存储单元的地址。

下边以一个实例来说明指针变量作为函数参数的用法和它的特点。

例 6.2 试定义函数 swap，希望用它交换两个变量的值。

分析　首先,因为要定义一个交换两个变量的值的函数,所以利用返回值语句 return 不能实现,因为涉及两个变量的值;另外,如换做如下定义方法:

```
void swap(int x,int y){
int t=x; x=y; y=t;}
int f(……){
int a=5,b=10;
swap(a,b);……}
```

很显然,这种方法也是不行的,因为仅在 swap 函数中修改了形参的值,而在主函数 f 中,实参的值仍然没有发生任何改变;所以,要调用函数中改变调用处的局部变量的值,则可以用指针来解决这个问题。用指针类型的数据作函数参数处理,程序如下:

```
void swap(int *p1,int *p2)
{
   int temp;
   temp=*p1;
   *p1=*p2;
   *p2=temp;
}
void main()
{
   int a=5, b=10;
   int *pa=&a, *pb=&b;
   swap(pa,pb);
   printf("%d,%d\n",a,b);
}
```

运行结果如下:

10,5

说明:程序中,函数 swap 的作用就是交换两个变量的值,其中,两个指针变量 p1,p2 为函数的形参,而在函数中,交换指针变量所指向的变量的值。程序运行时,从 main 函数开始执行,首先定义两个整型变量 a 和 b,并且分别给它们赋值 5 和 10;另外又定义了两个整型指针变量 pa 和 pb,让它们分别指向 a 和 b。接着调用 swap 函数,将实参变量的值传送给形参变量,由于形参为指针变量,所以传递的实参的值必须也是指针值即地址。此时,主函数中的指针变量 pa 指向变量 a,在被调用函数中,p1 也指向变量 a;同理,pb 和 p2 共同指向变量 b。在 swap 函数中,将 p1 和 p2 所指向的存储单元中的值进行交换,由于指针是直接对内存单元进行操作,因此在调用完 swap 函数返回主函数后,p1 和 p2 已经释放了,而 a 和 b 的值已经进行了交换,即 a=10,b=5。整个程序的运行过程如图 6.5 所示。

由此可以看出,为了使在被调函数中改变了的值可以在主函数当中继续使用,应该采用指针变量作为函数的参数,在被调函数执行的过程当中使指针变量所指向的变量值发生变化,在函数结束后,由于利用的是指针变量直接对内存进行操作,因此这些变化的值可以被保留下来被主函数所使用。简单总结,在程序设计中,应考虑 3 个方面:

(1)函数定义时用指针做参数；

(2)在函数内部,使用间接访问的方法操作实际变量；

(3)调用函数时,以被操作的变量的地址作为实参。

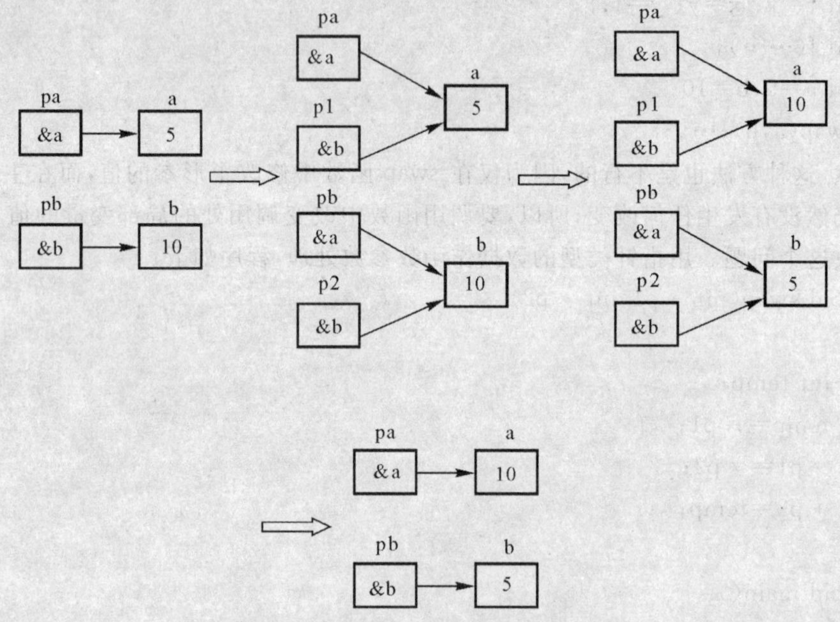

图 6.5　例 6.2 程序变量值交换示意图

6.3　与数组相关的指针

经过前边的学习,了解到数组指的是相同类型的元素构成的有序的序列,而数组元素在内存空间中占据了一系列连续的存储单元,每个数组的元素都有一个相应的存储单元即地址,而数组元素的地址就是数组元素的指针。数组的指针就是数组的地址,数组的地址指的是数组的起始地址即首地址,也就是第一个数组元素的地址。在C程序中,指针与数组的关系非常密切,以指针为媒介可以完成各种数组的操作,使得编写出来的程序显得简洁高效。指针与数组的这种关系是C语言特有的。

6.3.1　指向一维数组元素的指针

一维数组元素的指针的定义方法和前边介绍过的指针变量的定义方法类似。假设有如下定义：

```
int  *p1, *p2, *p3, *p4;
int  a[10]={1,2,3,4,5,6,7,8,9,10};
```

则可以使指针变量指向数组元素,如：

```
p1=&a[0]; p2=p1; p3=&a[5];p4=a[10];
```

如图 6.6 所示,其中需要注意,p4 并没有指向数组 a 的元素,而是指向数组 a 最后一个元素的后一个内存位置。在C语言中,是允许这个位置存在的,因此这种定义方法也是合法的。

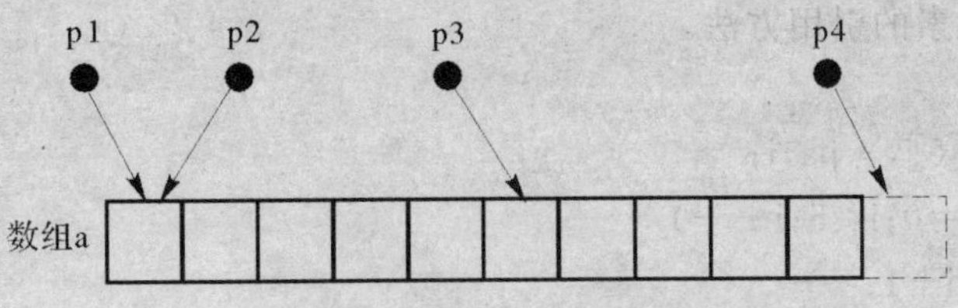

图 6.6　指向数组 a 元素的 4 个指针

另外，由于在 C 语言中规定了数组名代表数组中第一个元素的地址，因此，可以认为，数组名就是指向此数组第一个元素的指针，例如：

```
int  a[10], *p;
p=a;
```

等价于

```
int  a[10], *p;
p=&a[0];
```

6.3.2　通过指针引用一维数组元素

当一个指针指向了一个一维数组元素时，可以说指针指到了数组里，这时可以通过指针访问被指针指向的元素，同时，还可以通过这个数组指针来访问数组中的其他的元素。

假设 p 已经定义为一个指向整型数组 a 的指针变量，由于数组在内存中是连续存储的，所以表示数组元素的地址可以用 p+i 或者 a+i 来实现，其中，i 表示 a 数组中的第 i 个元素，则 p+i或者 a+i 就是 a[i]的地址。这里注意，假设 i=1，则 p+1 或者 a+1 并不是使地址简单地值加 1，而是使其指向数组中的下一个元素。而实际的地址值增加多少，则是由定义的数组类型所占的字节数来决定的。

因此，既然地址可以表示，当然对于数组元素的引用也同样可以用指针来表示，即 *(p+i)或者 *(a+i)则表示所指向的数组元素。如果指针 p 指向了 a，那么 p+i 指向了数组的第 i 个元素 a[i]，此时对 a[i]的访问完全可以转化为对 *(p+i)的访问。综上所述，对于数组元素的访问可以用两种方法来实现：一种是下标法，通过数组元素的下标符号来访问数组元素，如 a[i]或者 p[i]；另一种是利用指针法，通过数组元素的地址访问数组元素，如 *(p+i)或者 *(a+i)。如图 6.7 所示。需要注意的是，通过指针访问数组元素的时候，要保证必须不越界，也就是说通过对指针变量进行加或减的运算改变其指向位置的时候必须在数组范围内（可以超过末元素的一个位置），否则则是无定义的。

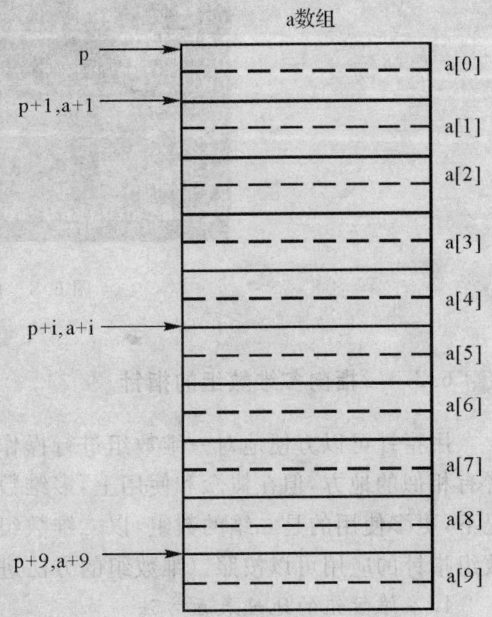

图 6.7　数组元素的两种访问方式

例 6.3 数组元素的引用方法。

```
main()
{    int a[5], * pa,i;
     for(i=0;i<5;i++)
    a[i]=i+1;
     pa=a;
     for(i=0;i<5;i++)
    printf(" * (pa+%d):%d\n",i, * (pa+i));
     for(i=0;i<5;i++)
    printf(" * (a+%d):%d\n",i, * (a+i));
     for(i=0;i<5;i++)
    printf("pa[%d]:%d\n",i,pa[i]);
     for(i=0;i<5;i++)
    printf("a[%d]:%d\n",i,a[i]);
}
```

其运行结果如图 6.8 所示。

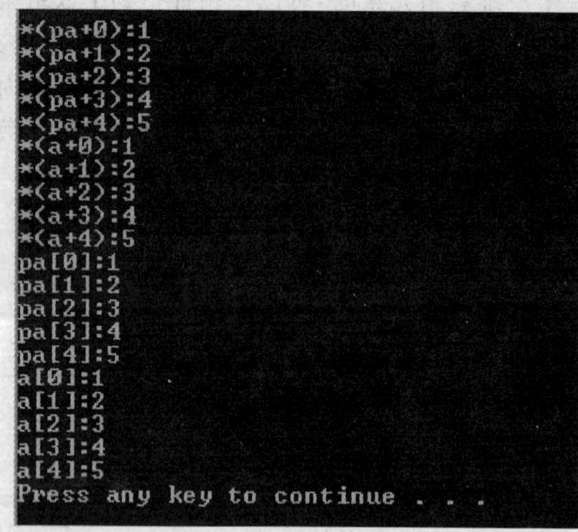

图 6.8 例 6.3 运行结果

6.3.4 指向多维数组的指针

用指针可以方便地对一维数组进行操作,同样,对于多维数组也可以用指针进行操作,两者有相似的地方,但在概念和使用上,多维数组的指针比一维数组的指针要复杂一些。一般情况下,更多使用的是二维的数组,以二维数组为例进行多维数组指针的介绍,对于更多维数的数组指针的应用可以按照二维数组的方法进行类推。

1. 多维数组的地址表示方法

设有一整型二维数组定义如下:

```
a[3][4]:{{0,1,2,3},{4,5,6,7},{8,9,10,11}};
```

设数组的首地址为 1000，在前边介绍过，C 语言允许把一个二维数组分解成多个一维数组来进行处理。因此数组 a 可以分解成 3 个一维数组，即 a[0]，a[1]，a[2]。每一个一维数组又有 4 个元素。例如 a[0]数组，含有 a[0][0]，a[0][1]，a[0][2]，a[0][3] 4 个元素。数组及数组元素的地址表示如下：a 是二维数组的数组名，也是二维数组 0 行的首地址，等于 1000。a[0]也是第一个一维数组的数组名和首地址，因此其地址也为 1000。*(a+0)或 a 与 a[0]是等效的，它表示一维数组 a[0]0 号元素的首地址，也是 1000。另外，&a[0][0]是二维数组 a 的 0 行 0 列元素的首地址，同样是 1000。因此，a，a[0]，*(a+0)，*a&，a[0][0]是相同的。同理，a+1 是二维数组 1 行的首地址，等于 1008。a[1]是第二个一维数组的数组名和首地址，因此也是 1008。&a[1][0]是二维数组 a 的 1 行 0 列元素地址，也是 1008。因此 a+1，a[1]，*(a+1)，&a[1][0]是等同的。由此可以得出：a+i，a[i]，*(a+i)，&a[i][0]是等同的。此外，&a[i]和 a[i]也是等同的，因为在二维数组中不能把 &a[i]理解为元素 a[i]的地址，因此二维数组中不存在元素 a[i]。C 语言规定，这是一种地址的运算方法，表示第 i 行的首地址，由此我们得出，a[i]，&a[i]，&(a+i)和 a+i 也是等同的。另外，a[0]也可以看做是 a[0]+0 是一维数组 a[0]的 0 号元素的首地址，而 a[0]+1 则是 a[0] 的 1 号元素的首地址，由此又可以得出 a[i]+j 是一维数组 a[i]第 j 号元素的首地址，它等价与 &a[i][j]。上述二维数组 a 的性质见表 6.1，其二维数组地址关系如图 6.9 所示。

表 6.1　数组 a 的性质

表示形式	含　义	地　址
a	二维数组名，数组首地址	1000
a[0]，*(a+0)，*a	第 0 行第 0 列元素地址	1000
a+1	第 1 行首地址	1008
a[1]，*(a+1)	第 1 行第 0 列元素地址	1008
a[1]+2，*(a+1)+2，&a[1][2]	第 1 行第 2 列元素地址	1012
(a[1]+2)，(*(a+1)+2)，a[1][2]	第 1 行第 2 列元素值	6

2. 多维数组的指针变量

把二维数组 a 分解成一维数组 a[0]，a[1]，a[2]之后，设 p 为指向二维数组的指针变量。可将其定义为

```
int  (*p)[4]=&a;
```

它表示 p 是一个指针变量，它指向二维数组 a 或指向第一个一维数组 a[0]，其值应等于 a，a[0]或 &a[0][0]。而相应地，p+i 则指向一维数组 a[i]。从前面的分析可以得出，*(p+i)+j 是二维数组 i 行 j 列的元素的地址，而 *(*(p+i)+j)是二维数组 i 行 j 列的元素的值。

二维数组指针变量的一般定义形式为

类型说明符（*指针变量名）[长度]；

其中，“类型说明符”为所指数据的类型。“*”表示其后的变量是指针类型。“长度”表示二维数组分解为一维数组时，一维数组的长度，也就是二维数组的列数。应注意“(*指针变量名)”两边的括号是必不可少的，如缺少了括号表示的是指针数组，意义就完全不同了。

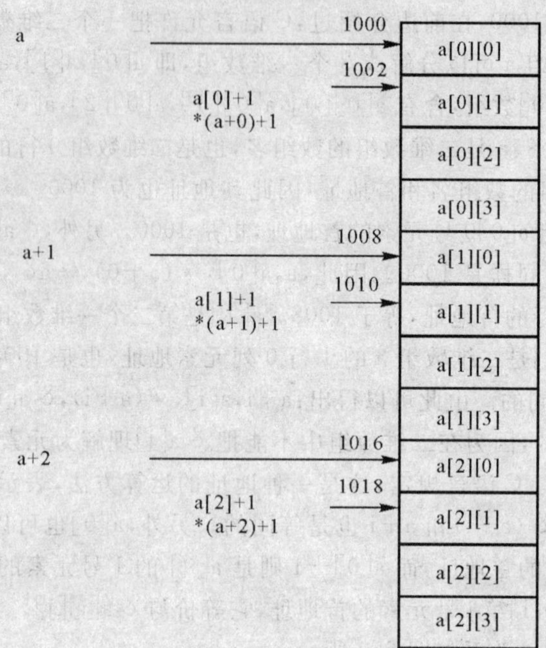

图 6.9　二维数组的地址

例 6.4　二维数组与指针变量。

```
main()
{  int a[3][4]={{1,2,3,4},{3,4,5,6},{5,6,7,8}};
   int i;
   int (*p)[4]=a,*q=a[0];
   for(i=0;i<3;i++)
   {  if(i==0)
        (*p)[i+i/2]=*q+1;
   else
        p++,++q;
   }
   for(i=0;i<3;i++)
        printf("%d,",a[i][i]);
   printf("%d,%d\n",*((int *)p),*q);
}
```

其运行结果如下：

```
2,4,7,5,3
```

6.4　与字符串相关的指针

在C程序当中经常会用到字符串，字符串是由若干字符组成的字符序列，例如字符串常量“Study hard!”,它在内存中按字符串中字符的排列顺序依次存放,每个字符占一个字节,并在末尾添加“\0”作为结尾标记,只要知道字符串在内存中的起始地址(即第一个字符的地址),就可以对字符串进行处理。利用指针的特点,使指针变量指向字符串的第一个字符,可以非常方便地进行字符串处理。

6.4.1 字符串的表示形式

在C语言中,可以用两种方法访问一个字符串。

(1) 用字符数组存放一个字符串,然后输出该字符串。

例6.5

```
main(){
  char string[]="I love China!";
  printf("%s\n",string);
}
```

说明:和前面介绍的数组属性一样,string是数组名,它代表字符数组的首地址。

(2)用字符串指针指向一个字符串。

例6.6

```
main(){
  char *string="I love China!";
  printf("%s\n",string);
}
```

字符串指针变量的定义说明与指向字符变量的指针变量说明是相同的。只能按对指针变量的赋值不同来区别。对指向字符变量的指针变量,应赋予该字符变量的地址,如:

```
char c, *p=&c;
```

表示p是一个指向字符变量c的指针变量。而

```
char *s="C Language";
```

则表示s是一个指向字符串的指针变量,把字符串的首地址赋予s。

例6.6中,首先定义string是一个字符指针变量,然后把字符串的首地址赋予string(应写出整个字符串,以便编译系统把该串装入连续的一块内存单元),并把首地址送入string。程序中的:

```
char *ps="C Language";
```

等效于

```
char *ps;
ps="C Language";
```

其中的“ps”即为定义的字符串指针名称,经过定义和赋值,字符串“C Language”的首地址便被存入指针变量中。

6.4.2 使用字符串指针变量与使用字符数组的区别

用字符数组和字符指针变量都可实现字符串的存储和运算,但是两者是有区别的,在使用时应注意以下几个问题:

(1)字符串指针变量本身是一个变量,用于存放字符串的首地址。而字符串本身是存放在以该首地址为首的一块连续的内存空间中并以"\0"作为串的结束。字符数组是由若干个数组元素组成的,它可用来存放整个字符串。

(2)对字符串指针方式

```
char *ps="C Language";
```

可以写为

```
char *ps;
ps="C Language";
```

而对数组方式

```
static char st[]={"C Language"};
```

不能写为

```
char st[20];
st={"C Language"};
```

而只能对字符数组的各元素逐个赋值。

从以上几点可以看出字符串指针变量与字符数组在使用时的区别,同时也可看出使用指针变量更加方便。

前面说过,当一个指针变量在未取得确定地址前使用是危险的,容易引起错误。但是对指针变量直接赋值是可以的。因为C系统对指针变量赋值时要给以确定的地址。因此,

```
char *ps="C Langage";
```

或者

```
char *ps;
ps="C Language";
```

都是合法的。

6.5 函数指针变量

在C语言中,一个函数总是占用一段连续的内存区,而函数名就是该函数所占内存区的首地址。一个函数在编译时被分配给一个入口地址,这个函数的入口地址就称为函数的指针。用指针变量来指向这个入口地址,这个指针变量就称为函数的指针变量。

函数指针变量定义的一般形式为

类型说明符 (*指针变量名)();

其中,"类型说明符"表示被指函数的返回值的类型。"(* 指针变量名)"表示"*"后面的变量是定义的指针变量。最后的空括号表示指针变量所指的是一个函数。

例6.7 用指针形式实现对函数调用。

```
#include<stdio.h>
int max(int a,int b){
  if(a>b)return a;
  else return b;
}
```

```
main(){
    int max(int a,int b);
    int(*pmax)();
    int x,y,z;
    pmax=max;
    printf("input two numbers:\n");
    scanf("%d%d",&x,&y);
    z=(*pmax)(x,y);
    printf("maxmum=%d",z);
}
```

从上述程序可以看出用,函数指针变量形式调用函数的步骤如下:

(1) 先定义函数指针变量,如例 6.7 中 int (*pmax)()定义 pmax 为函数指针变量。

(2) 把被调函数的入口地址(函数名)赋予该函数指针变量,如例 6.7 中pmax=max。

(3) 用函数指针变量形式调用函数,如例 6.7 的 z=(*pmax)(x,y)。

(4) 调用函数的一般形式为

(*指针变量名)(实参表)

使用函数指针变量还应注意以下两点:

• 函数指针变量不能进行算术运算,这是与数组指针变量不同的。数组指针变量加减一个整数可使指针移动指向后面或前面的数组元素,而函数指针的移动是毫无意义的。

• 函数调用中"(*指针变量名)"的两边的括号不可少,其中的"*"不应该理解为求值运算,在此处它只是一种表示符号。

6.6 程序举例

6.6.1 变量指针应用举例与运行测试

例 6.8 输入 a 和 b 两个整数,按先大后小的顺序输出 a 和 b。

```
#include <stdio.h>
void main()
{
    int *p1,*p2,*p,a,b;
    scanf("%d,%d",&a,&b);
    p1=&a;p2=&b;
    if(a<b)
    {p=p1;p1=p2;p2=p;}
    printf("a=%d,b=%d\n",a,b);
    printf("max=%d,min=%d",*p1,*p2);
}
```

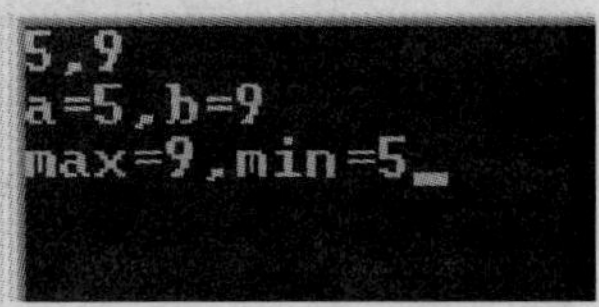

图 6.10 例 6.8 的测试结果

分析 当输入 a=5,b=9 时,由于 a<b,将 p1 和 p2 指向交换,而 a 和 b 的值其实并没有

交换，这一点从测试的结果也可以看到，只不过通过改变指针的指向使得 p1 总是指向较大的那个值，而 p2 总是指向较小的那个值，从而可以得到所需要的输出结果。

测试结果如图 6.10 所示。

6.6.2 数组指针应用举例与运行测试

例 6.9 用指针变量输出二维数组元素的值。

```
#include <stdio.h>
void main()
{
   int a[3][4]={1,3,5,7,9,11,13,15,17,19,21,23};
   int *p;
   for(p=a[0];p<a[0]+12;p++)
   {if((p-a[0])%4==0) printf("\n");
    printf("%4d",*p);
    }
   printf("\n");
}
```

测试结果如图 6.11 所示。

```
   1   3   5   7
   9  11  13  15
  17  19  21  23
Press any key to continue . . .
_
```

图 6.11 例 6.9 的测试结果

分析 p 是一个指向整型变量的指针变量，它可以指向一般的整型变量，也可以指向整型的数组元素，程序中，p=a[0]是指针变量的赋值语句，它把数组的首地址赋给指针变量。每次使 p 值加 1，使 p 指向下一个元素。if 语句的作用是使输出 4 个数据后换行。

6.6.3 字符串指针应用举例与运行测试

例 6.10 将字符串 a 复制为字符串 b。

```
#include <stdio.h>
void main()
{
   char a[]="I am a boy.",b[20];
   int i;
   for(i=0;*(a+i)!='\0';i++)
    *(b+i)=*(a+i);
   *(b+i)='\0';
```

```
    printf("string a is:%s\n",a);
    printf("string b is:%s\n",b);
}
```

其测试结果如图 6.12 所示。

```
string a is:I am a boy.
string b is:I am a boy.
Press any key to continue . . .
```

图 6.12 例 6.10 测试结果

分析 程序中 a 和 b 都定义为字符数组,可以通过地址访问其数组元素。在 for 语句中,先检查 a[i]为"\0"。如果不等于"\0",表示字符串尚未处理完,就将 a[i]的值赋给 b[i],即复制一个字符。在 for 语句中将 a 串全部复制给了 b 串,最后还应将"\0"复制过去。

本 章 小 结

本章着重介绍了指针的基本概念、定义方法和使用方法。其中,详细介绍了指针变量与一般变量,指针变量和数组以及指针变量和字符串结合使用中的定义类型、格式和具体的操作方法。可以看到,指针可以用来有效地表示复杂的数据结构,可以用于函数参数传递并达到更加灵活地使用函数的目的。指针使 C 语言程序的设计具有灵活、实用、高效的特点。

练 习 题

1. 输入 3 个整数,按由大到小的顺序输出。
2. 输入 3 个字符串,按由大到小的顺序输出。
3. 写一个函数,求一个字符串的长度。在 main 函数中输入字符串,并输出其长度。
4. 写一个函数,实现两个字符串的比较,即自己写一个 strcmp 函数,函数原型为

```
int strcmp(char *p1,char *p2);
```

设 p1 指向字符串 s1,p2 指向字符串 s2。要求当 s1=s2 时,返回值为 0;若 s1!=s2,返回它们两者第一个不同字符的 ASCII 差值。如果 s1>s2,则输出正值;反之,则输出负值。

5. 输入一行文字,统计其中大写字母、小写字母、空格、数字以及其他字符各有多少。

第 7 章　复合数据类型

迄今为止，本书已经介绍了整型、实型、字符型等基本数据类型，这些都是 C 语言预先定义的基本数据类型，这些数据类型的存储方法和运算规则是由语言本身规定的，它们与机器硬件有更直接的关系，但仅用这些基本数据类型还难以描述现实世界各种各样的客观对象之间的关系。本书也介绍了数组、字符串这两种构造类型的数据对象，但是仅这些还不能满足程序设计要求。在程序设计中，还会遇到一些关系密切但数据类型不同的数据，用基本类型或数据都难以表示。

C 语言允许程序员用以下几种方法定义自己的数据类型，本章将详细描述这些类型：

(1)结构体类型(structure)：也称聚合类型，是不同数据类型的数据所组成的集合体，是构造类型数据。结构的引入为处理复杂的数据结构提供了有力的手段，也为函数间传递一组不同数据类型的数据提供了方便。

(2)联合类型(union)：几个不同的变量共占同一段内存的结构，也称为共用体。

(3)枚举类型(enumeration)：变量的取值只限于列举出来的几种可能的值。

(4)定义数据类型别名(typedef)：为已经存在的类型定义别名。

7.1　结构体类型

在实际问题中，一组数据往往具有不同的数据类型。例如，在学生登记表(见表 7.1)中，姓名应为字符型，学号可为整型或字符型，年龄应为整型，性别应为字符型，成绩可为整型或实型。由于数组还必须要求元素为相同类型，显然不能用一个数组来存放这一组数据。

可以将这些学生的属性分别定义成相互独立的变量 name，number，age，sex，score。

表 7.1　学生登记表

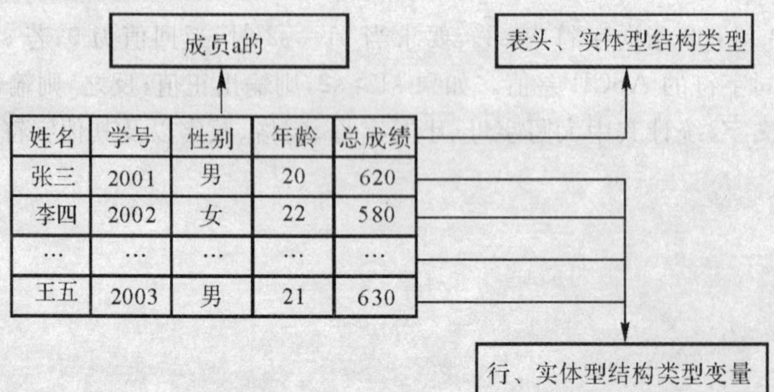

姓名	学号	性别	年龄	总成绩
张三	2001	男	20	620
李四	2002	女	22	580
…	…	…	…	…
王五	2003	男	21	630

假定要记录一批学生的信息(见表 7.1)，假定学生人数最多不超过 100，定义如下：

```
const int  MAXLEN=100;
```

```
char name[MAXLEN][20];
int number[MAXLEN];
char sex[MAXLEN];
int age[ MAXLEN];
int score[MAXLEN];
```

如果要查找某一个学生的年龄、成绩等，可以通过读取有相同下标的数组元素得到。如 age[5]，score[5]等。但是，一个学生到底有哪些相关的数据项，不是很明显。况且，不能排除要将某些数组排序，如按年龄排序，在这种情况下，要获取某一个学生的相关数据项将十分困难。因此这种数据表示方式无法反映它们之间的内在联系。程序设计语言需要提供更强有力的数据表达能力，以简便、直接地表达现实世界中各种事物的相关属性。

在 C 语言中，提供了结构体(struct)数据类型，它能够识别一组相关的数据。

7.1.1　结构体类型变量的定义

1. 结构体类型定义

和基本类型不一样，基本类型是由系统预定义的，如 int，float 等，直接可以使用，而结构体类型是一种复合类型，根据需要由程序员在使用前自行定义。“结构体”是一种复合类型，它是由若干个“成员”组成的。每一个成员可以是一个基本数据类型或者又是一个复合类型。在使用结构体进行数据处理时，应首先对结构体的组成进行描述。这种描述称为结构体的声明。结构体的声明实质上就是程序中构造一个结构体，如同在说明和调用函数之前要先定义函数一样。

结构体类型定义的一般形式如下：

```
struct  [结构体名]
{
    类型标识符    成员名；
    类型标识符    成员名；
    ……
    类型标识符    成员名；
}；
```

struct 是结构体类型标识符，是保留字。结构体名由标识符组成，称为结构体类型名。大括号中的结构体成员表，称为结构体。结构体成员表包含若干成员，每一个成员都是该结构体的一个组成部分。这些成员信息被聚合为一个整体并形成了一个新的数据类型。对每个成员也必须进行类型说明。其形式为

类型标识符　成员名；

结构体和成员名的命名应符合标识符的书写规范。如前面的学生登记表，其结构体类型定义如下：

```
struct student                          /*学生结构体类型名*/
{
    char name[20];                      /*学生姓名*/
    int number;                         /*学生学号*/
```

```
    char sex;                          /*学生性别*/
    int age;                           /*学生年龄*/
    int score;                         /*学生总成绩*/
};
```

由此可以看出,结构体是C语言中一种新的构造数据类型,它能够把具有内在联系的不同类型的数据统一成一个整体,使它们相互关联;同时,结构体又是一个变量的集合,可以按照对基本数据类型的操作方法单独使用其变量成员。结构体就是这样一种特殊的构造数据类型。

2.结构体类型的存储方式

就像int类型并不实际占用内存空间,只是规定了内存分配模式一样,定义的结构体类型也并不实际占用内存,只是规定了内存分配模式。结构体类型需要分配连续的存储空间,大小随该类型中包含成员的不同而不同,需要的内存字节数等于各个成员所需要的内存字节数的总和。

若已知定义的学生信息结构体如下:

```
struct student                         /*学生结构体类型名*/
{
    char name[20];                     /*学生姓名*/
    int number;                        /*学生学号*/
    char sex;                          /*学生性别*/
    int age;                           /*学生年龄*/
    int score;                         /*学生总成绩*/
};
```

则结构体 struct student 内存分配模式如图7.1所示。

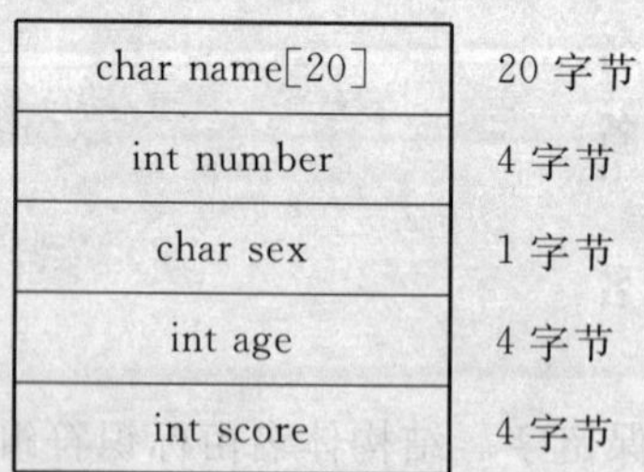

图7.1 结构体类型 struct student 的内存分配模式

一般地,一种结构体类型所需要的内存空间字节数可以用sizeof(结构体类型名)来确定。例如:sizeof(struct student)的值为33。

3.结构体变量的定义

和C语言中的基本数据类型一样,在定义了结构体类型后,还需要定义结构体类型的变量,然后才能通过结构体变量来操作和访问结构体的数据。

在C语言中定义结构体变量的方式有3种:

(1)单独定义:先单独定义结构体类型,再定义变量。例如,利用上面定义好的结构体类型来定义变量:

```
struct student stu1,stu2;
```

(2)混合定义:在定义结构体类型的同时定义变量。

```
struct student                          /*学生结构体类型名*/
{
    char name[20];                      /*学生姓名*/
    int number;                         /*学生学号*/
    char sex;                           /*学生性别*/
    int age;                            /*学生年龄*/
    int score;                          /*学生总成绩*/
}stu1,stu2;
```

(3)无类型名定义:程序中只需要一次某个结构体类型的变量,以后不需要该结构体类型时,可以采用这种定义方式。

```
struct                                  /*学生结构体类型名*/
{
    char name[20];                      /*学生姓名*/
    int number;                         /*学生学号*/
    char sex;                           /*学生性别*/
    int age;                            /*学生年龄*/
    int score;                          /*学生总成绩*/
}stu1,stu2;
```

有关结构体类型,有以下几点需要说明:

(1)定义结构体的结尾处的(;)不可少。因为结构体定义也是 C 语句。上述的定义中,什么变量都没有定义,仅仅定义了数据的形式(表格的表头信息),也就是创建了一个抽象的学生数据类型。

(2)结构体的成员可以是基本变量、数组、指针、结构体或共用体等。

如上例中的结构体的成员之一年龄(age),若用生日来描述,它将包括年、月、日 3 部分,这时成员 birthday 又成为一个新的结构体类型。则复杂的学生登记表见表 7.2。

表 7.2　学生登记表

姓名(name)	学号(number)	性别(sex)	出生日期(birthday)			总成绩(score)
			年(year)	月(month)	日(day)	
张三	2001	男	1990	3	15	620
李四	2002	女	1988	10	7	580
…	…	…	…	…	…	…
王五	2003	男	1989	11	2	630

其类型定义如下:

```
struct date                             /*日期结构体类型名*/
```

```
    {
        int year;                    /*年*/
        int month ;                  /*月*/
        int day;                     /*日*/
    };
```

因此 struct student 中的 age 成员就可以改成 birthday,其结构体的定义为

```
    struct student                   /*学生结构体类型名*/
    {
        char name[20];               /*学生姓名*/
        int number;                  /*学生学号*/
        char sex;                    /*学生性别*/
        struct date  birthday;       /*学生出生日期*/
        int score;                   /*学生总成绩*/
    };
```

其余成员的定义不变。但需要注意的是,结构体类型 struct date 的定义要在 struct student之前,因为C语言一定要遵循先定义后使用的原则。上述的 struct student 是一个嵌套的结构体类型。

经常也采用直接嵌套定义的方式:

```
    struct student
    {
        char name[20];               /*学生姓名*/
        int number;                  /*学生学号*/
        char sex;                    /*学生性别*/
        struct date                  /*日期结构体类型名*/
        {
            int year;                /*年*/
            int month ;              /*月*/
            int day;                 /*日*/
        } birthday;                  /*学生出生日期*/
        int score;                   /*学生总成绩*/
    };
```

(3)结构体类型不能递归定义。例如,还是学生结构体:

```
    struct student
    {
        char name[20];               /*学生姓名*/
        int number;                  /*学生学号*/
        char sex;                    /*学生性别*/
        int age;                     /*学生年龄*/
        int score;                   /*学生总成绩*/
```

```
    struct student stu;                   /* 错误:结构体类型递归定义! */
    struct student *stu;                  /* 正确:指针类型成员。结构体类型自引用
                                             定义。*/
};
```

(4)结构体成员的名字可以同程序中的其他变量同名,二者不会相混,系统会自动识别它们。但是同一结构体中的成员不能同名。

(5)结构体类型的定义可以放在函数内部,也可以放在函数外部。若放在函数内部,则只在函数内部有效;若放在函数外部,则从定义点到源文件尾之间的所有函数都有效。

7.1.2　结构体变量的初始化

和其他类型的变量一样,对结构体变量的初始化,就是在定义结构体变量的同时,对其成员指定初始值。结构体变量的初始化采用和数组初始化类似的方法,初始值列表是用花括号括起来的,并且按照存储的先后次序依次给出各成员的初始值。

有 3 种初始化的方法:

第一种:先定义结构体,再定义变量同时初始化。

```
struct student stu1={"张三", 2001,'F',20,620};
```

第二种:定义结构体类型的同时定义变量,并且进行初始化。

```
struct student
{
    char name[20];                 /*学生姓名*/
    int number;                    /*学生学号*/
    char sex;                      /*学生性别*/
    int age;                       /*学生年龄*/
    int score;                     /*学生总成绩*/
}stu2={"李四", 2002,'F',22,580};
```

第三种:只定义结构体类型变量 ,不定义结构体类型,同时对变量进行初始化。

```
struct
{
    char name[20];                 /*学生姓名*/
    int number;                    /*学生学号*/
    char sex;                      /*学生性别*/
    int age;                       /*学生年龄*/
    int score;                     /*学生总成绩*/
} stu3={"王五", 2002,'M',21,630};
```

需要注意以下几点:

(1)初始化数据元素之间用逗号间隔。

(2)初始化数据的个数一般与成员的个数相同,若少于成员数,则按照定义的顺序进行赋值,后面的成员将被自动初始化为 0(若成员是指针,则初始化为 NULL)。例如:

```
struct student stu1={"张三", 2001,'MF',20};
```

最后一个学生的总成绩没有初始值与之相对应，因此被自动初始化为 0。

(3)初始化数据的类型要与相应成员变量的类型一致。

(4)只能对存储类型为 extern 外部型和 static 静态型结构体变量初始化，不能对存储类型为 auto 自动型的结构体变量初始化。

(5)不能直接在结构体成员表中对成员赋初值。

如下所示例子就是错误的：

```
struct student
{
    char name[20]="张三";          /*学生姓名*/
    int number=2001;               /*学生学号*/
    char sex='M';                  /*学生性别*/
    int age=22;                    /*学生年龄*/
    int score=620;                 /*学生总成绩*/
} stu1,stu2;
```

7.1.3 结构体变量成员的用法

1. 结构体变量的引用

由于结构体是一种构造类型，包含多个数据，很难作整体操作，就像数组无法对数组名作整体操作一样，数组一般是通过数组元素进行操作的。同样，结构体变量是一个整体，是不能直接进行操作的，只能对结构体变量的成员进行操作。引用结构体变量成员的一般形式如下：

结构体变量名.成员名

其中“.”是域成员运算符，其优先级别最高，结合性是自左向右。结构体成员完全可以像操作简单变量一样操作它。

例如：对前面定义的结构体变量 stu1 和 stu2，可作如下的赋值操作：

```
stu1.age=24;   stu2.score=650;
```

将学号 2005 通过键盘输入赋给 stu2.num 成员，应写成：

```
scanf("%d",&stu2.num);
```

将 stu1 的年龄增加 1，然后输出年龄，则可用如下语句表示：

```
stu1.age=stu1.age+1;
printf("%d",stu1.age);
```

如果结构体成员是内嵌的结构体时，必须用若干个“.”域成员运算符来顺序逐层定位到最里层的成员。

例如：根据表 7.2 定义好的结构体类型，定义一个学生变量。

```
struct student stu;
```

要对结构体变量 stu 的出生年、月、日进行操作，必须采用成员运算符，对最终成员进行操作，即

```
stu.birthday.year=1993;
stu.birthday.month=3;
stu.birthday.day=15;
```

2.结构体变量的赋值

对于结构体变量，只有以下两种情况可以对其赋值。

(1)结构体变量整体赋值：同类型的结构体类型变量可以相互赋值，不必逐个成员赋值。例如：

```
stu2=stu1;
```

但是 C 语言不允许整体引用结构体类型变量名进行赋值。例如：

```
st1={"张三", 2001,'MF',20,620};          /* 这是错误的 */
```

(2)取结构体变量地址：例如，通过 & 取地址运算符操作

```
&stu2 和 &stu1
```

在这里，结构体变量名是地址常量，含义与数组名和函数相同，不能对结构体变量作整体输入/输出操作。

例如，根据表 7.1 定义的结构体类型，定义一个学生变量：

```
sturct student stu;
scanf("%s,%d,%c,%d,%d",&stu);
printf("%s,%d,%c,%d,%d",stu);
```

这些语句是不允许的，只能对结构体成员进行输入/输出。

7.2　结构体类型数组

7.2.1　结构体类型数组变量的定义

结构体类型数组定义方法和定义结构体变量相似，也有 3 种方法。

(1)单独定义：先单独定义结构体类型，再定义结构体数组。

例如，利用定义好的结构体类型来定义变量：

```
struct student stu[10];
```

(2)混合定义：在定义结构体类型的同时定义结构体数组。如：

```
struct student                    /* 学生结构体类型名 */
{
    char name[20];                /* 学生姓名 */
    int number;                   /* 学生学号 */
    char sex;                     /* 学生性别 */
    int age;                      /* 学生年龄 */
    int score;                    /* 学生总成绩 */
}stu[10];
```

(3)无类型名定义：直接定义结构体数组。如：

```
struct                            /* 学生结构体类型名 */
{
    char name[20];                /* 学生姓名 */
    int number;                   /* 学生学号 */
```

```
    char sex;                          /*学生性别*/
    int age;                           /*学生年龄*/
    int score;                         /*学生总成绩*/
}stu[10];
```

7.2.2 结构体类型数组变量的初始化

1. 分行初始化

例如：

```
struct student
{
    char name[20];                     /*学生姓名*/
    int number;                        /*学生学号*/
    char sex;                          /*学生性别*/
    int age;                           /*学生年龄*/
    int score;                         /*学生总成绩*/
} stu[]={{"李四", 2002,'F',22,580},{"张三", 2001,'MF',20,620}};
```

因为是给结构体数组的全部元素初始化，所以省略了数组长度的说明。

2. 顺序初始化

例如：

```
struct student
{
    char name[20];                     /*学生姓名*/
    int number;                        /*学生学号*/
    char sex;                          /*学生性别*/
    int age;                           /*学生年龄*/
    int score;                         /*学生总成绩*/
}stu[]={"李四", 2002,'F',22,580,"张三", 2001,'MF',20,620};
```

7.2.3 结构体类型数组变量成员的用法

访问成员的方法：若定义了一个结构体数组，则可以通过相应的运算符“.”来访问结构体中的各个成员。

定义的形式：

数组元素.成员名

数组名－＞成员名

例如：

```
struct student stu[10];    stu[1].age=22;
```

7.2.4 结构体数组相关程序举例与仿真测试

例 7.1 结构体数组的输入/输出操作：从键盘终端输入若干个学生信息，并且将其输出。

```
#include<stdio.h>
#define MAXLEN 100
struct student
{
    int number;             /*学生学号*/
    char name[20];          /*学生姓名*/
    float score[3];         /*学生三门课成绩*/
};
void main()
{
    struct student stu[MAXLEN];
    int count,i,j;
    printf("请输入学生的个数:");
    scanf("%d",&count);
    for(i=0;i<count;i++)
    {
        printf("请输入第%d 学生的学号、姓名、三门课的成绩\n",i+1);
        scanf("%d",&stu[i].number);
        scanf("%s",stu[i].name);
        for(j=0;j<3;j++)
            scanf("%f",&stu[i].score[j]);
    }
    printf("\n\n 学号   姓名         语文         数学         英语\n");
    for(i=0;i<count;i++)
    {
        printf("%-8d",stu[i].number);
        printf("%-20s",stu[i].name);
        for(j=0;j<3;j++)
            printf("%8.2f",stu[i].score[j]);
        printf("\n");
    }
}
```

运行结果如图 7.2 所示。

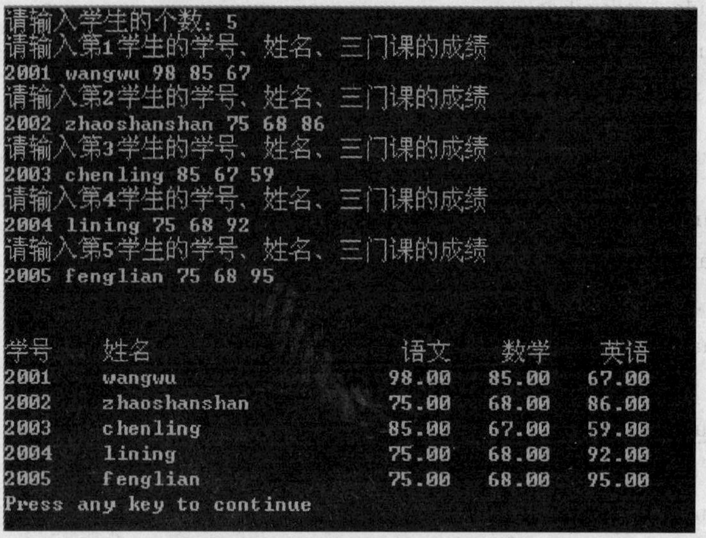

```
请输入学生的个数：5
请输入第1学生的学号、姓名、三门课的成绩
2001 wangwu 98 85 67
请输入第2学生的学号、姓名、三门课的成绩
2002 zhaoshanshan 75 68 86
请输入第3学生的学号、姓名、三门课的成绩
2003 chenling 85 67 59
请输入第4学生的学号、姓名、三门课的成绩
2004 lining 75 68 92
请输入第5学生的学号、姓名、三门课的成绩
2005 fenglian 75 68 95


学号    姓名                语文    数学    英语
2001    wangwu              98.00   85.00   67.00
2002    zhaoshanshan        75.00   68.00   86.00
2003    chenling            85.00   67.00   59.00
2004    lining              75.00   68.00   92.00
2005    fenglian            75.00   68.00   95.00
Press any key to continue
```

图 7.2　例 7.1 程序运行结果

例 7.2　结构体数组的赋值操作：根据已知的若干个学生信息，进行相应的赋值操作。

```
#include<stdio.h>
#include<string.h>
struct student
{
    int number;              /*学生学号*/
    char name[20];           /*学生姓名*/
    float score[3];          /*学生三门课成绩*/
};
void main()
{
    static struct student stu[5]={{2001,"wangwu",85,96,78},
                {2002,"zhaoshanshan",98,78,85},{2003,"chenling",96,85,74}};
    int i,j;
    stu[3]=stu[0];
    strcpy(stu[3].name,"lining");
    stu[3].number=2004;
    strcpy(stu[4].name,"fenglian");
    stu[4].number=2005;
    stu[4].score[0]=stu[1].score[0];
    stu[4].score[1]=stu[1].score[1];
    stu[4].score[2]=stu[1].score[2];
    printf("\n\n学号   姓名        语文        数学        英语\n");
```

```
    for(i=0;i<5;i++)
    {
        printf("%-8d",stu[i].number);
        printf("%-20s",stu[i].name);
        for(j=0;j<3;j++)
            printf("%8.2f",stu[i].score[j]);
        printf("\n");
    }
}
```

其运行结果如图 7.3 所示。

```
学号    姓名                    语文     数学     英语
2001    wangwu                 85.00    96.00    78.00
2002    zhaoshanshan           98.00    78.00    85.00
2003    chenling               96.00    85.00    74.00
2004    lining                 85.00    96.00    78.00
2005    fenglian               98.00    78.00    85.00
Press any key to continue
```

图 7.3　例 7.2 程序运行结果

7.3　与结构体类型数据相关的指针

结构体指针具有占内存小，操作灵活的特点，因此，掌握结构体指针的使用方法，会使程序更加高效。本节主要介绍结构体指针的相关概念，结构体指针在结构体数组中的操作以及结构体指针作为函数参数的情况。

7.3.1　与结构体变量相关的指针

一个结构体变量的指针就是该变量所占据的内存段的起始地址。可以用一个指针变量指向一个结构体变量，此时该指针变量的值是结构体变量的起始地址。指针变量也可以用来指向结构体数组中的元素。

访问成员的方法：若定义了一个指向结构体变量的指针，则可以通过相应的运算符"."或"＊"来访问结构体中的各个成员。

定义的形式：

结构体指针名－>成员名

(＊结构体指针名).成员名

例如：根据表 7.1 定义的结构体类型，定义一个学生变量。

```
struct student stu1;
struct student *p;
p=stu1;
p->name="李四";
```

```
p->score=p->score+1;
(*p).number=2002;
stu.score=650
(&stu1)->age=22;
```

例 7.3 指向结构体类型变量指针的应用,体会结构体变量成员不同的引用方法。

```
#include<stdio.h>
#include<string.h>
struct student
{
    int number;             /*学生学号*/
    char name[20];          /*学生姓名*/
    float score[3];         /*学生三门课成绩*/
};
void main()
{
    struct student stu;
    struct student *sp;
    sp=&stu;
    sp->number=2001;
    strcpy(sp->name,"wangwu");
    (*sp).score[0]=78;
    (&stu)->score[1]=89;
    stu.score[2]=98;
    printf("\n\n学号  姓名        语文        数学        英语\n");
    printf("%-8d%-20s",(*sp).number,sp->name);
    printf("%8.2f%8.2f%8.2f",stu.score[0],sp->score[1],(*sp).score[2]);
    printf("\n");
}
```

其运行结果如图 7.4 所示。

图 7.4 例 7.3 程序运行结果

7.3.2 与结构体数组相关的指针

在前面已经介绍过使用数组或数组元素的指针和指针变量,同样,对结构体数组及其元素也可以用指针或指针变量来指向。

例如:根据表 7.1 定义的结构体类型,定义一个学生变量。

```
struct student stu[10];
stu[1].age=22;
(stu+1)->number=2003;
*(stu+1).name="王芳";
&stu[1]->sex='M';
```

7.3.3 结构体数组指针相关程序举例与仿真测试

例 7.4 假设有 4 位同学的有关数据，试统计出他们的各门课程的平均成绩。

```
#include<stdio.h>
#include<string.h>
struct student
{
    int number;            /*学生学号*/
    char name[20];         /*学生姓名*/
    float score[3];        /*学生三门课成绩*/
};
void main()
{
    static struct student stu[4]={{2001,"wangwu",85,96,78},
                                  {2002,"zhaoshanshan",98,78,85},
                                  {2003,"chenling",96,85,74},
                                  {2004,"lining",76,82,76}};
    struct student *sp;
    float average[3];
    int i;
    float sum;
    for(i=0;i<3;i++)
    {
        sum=0;
        for(sp=stu;sp<stu+4;sp++)
            sum+=sp->score[i];
        average[i]=sum/4;
    }
    printf("\n\n学号   姓名        语文        数学        英语\n");
    for(sp=stu;sp<stu+4;sp++)
    {
        printf("%-8d%-20s",sp->number,sp->name);
        for(i=0;i<3;i++)
            printf("%8.2f",sp->score[i]);
```

```
        printf("\n");
      }
      printf("\n 这四个学生各门课程的平均分是:\n");
      printf ("语文%-8.2f 数学%-8.2f  英文%-8.2f\n",average[0],average
          [1],average[2]);
    }
```

其运行结果如图 7.5 所示。

```
学号    姓名                  语文     数学     英语
2001    wangwu               85.00    96.00    78.00
2002    zhaoshanshan         98.00    78.00    85.00
2003    chenling             96.00    85.00    74.00
2004    lining               76.00    82.00    76.00

这四个学生各门课程的平均分是:
语文88.75      数学85.25      英文78.25
Press any key to continue
```

图 7.5 例 7.4 程序运行结果

此例中定义了一个结构体数组 stu,它的类型是 struct student,它是局部静态变量,因此可以对它进行初始化。在此 main 函数内部,定义了类型为 struct student 的指针变量 sp,并在双循环中,作为内循环的初始值指向 stu,由此可见对结构体数组元素的操作同样可采用同类型的指针进行访问。如图 7.6 所示描述了 for 循环执行时指针变量 sp 的移动情况。

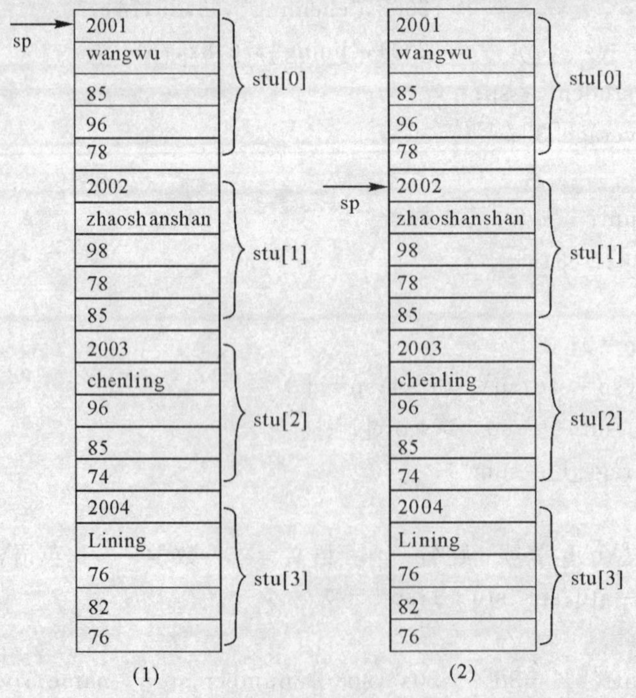

图 7.6 指针变量 sp 的移动

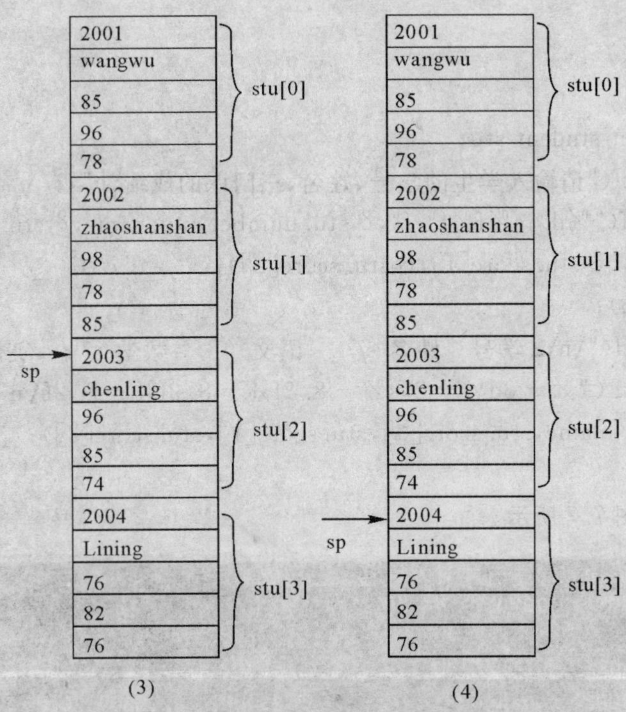

(续)图7.6　指针变量sp的移动

7.3.4　用结构体指针变量进行函数参数传递

1. 用结构体变量进行函数参数传递

例7.5　从键盘终端输入一个学生的各种信息，函数通过结构变量进行参数传递，实现在f函数中修改其语文成绩和学号。

```
#include<stdio.h>
#define MAXLEN 100
struct student
{
    int number;          /*学生学号*/
    char name[20];       /*学生姓名*/
    float score[3];      /*学生三门课成绩*/
};
void f(struct student s)
{
    s.score[0]+=10;
    s.number=2002;
    printf("\n\n学号  姓名        语文        数学        英语\n");
    printf("%-8d%-20s%-8.2f%-8.2f%-8.2f\n",s.number,s.name,s.
        score[0],s.score[1],s.score[2]);
```

```
}
void main()
{
    struct student stu;
    printf("请输入学生的学号、姓名、三门课的成绩\n");
    scanf("%d%s%f%f%f",&stu.number,stu.name,&stu.score[0],
        &stu.score[1],&stu.score[2]);
    f(stu);
    printf("\n\n学号   姓名       语文       数学       英语\n");
    printf("%-8d%-20s%-8.2f%-8.2f%-8.2f\n",stu.number,stu.
        name,stu.score[0],stu.score[1],stu.score[2]);
}
```

其运行结果如图 7.7 所示。

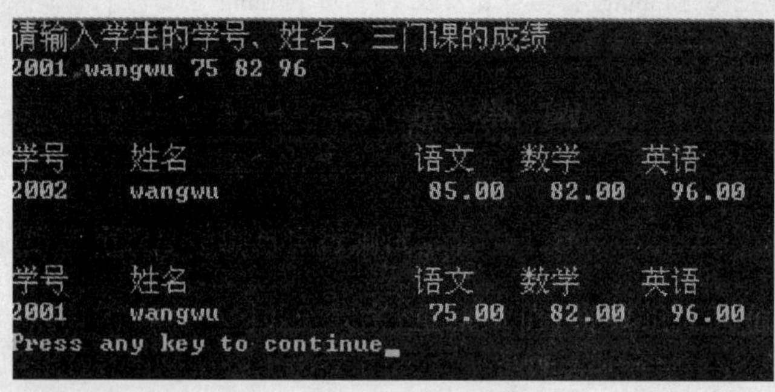

图 7.7 例 7.5 程序运行结果

该程序说明如下：

(1)该程序在传递结构体变量时，实参和形参都是相同类型的不同的两个结构体变量，但运行时分配不同的存储空间。

(2)由于结构体变量 stu 和 s 占用不同的存储空间，在传递参数时，把 stu 中的各个成员的值复制给 s 的各个成员。即在参数传递过程中，stu.name 的值被复制到 s.name 中，stu.number 的值被复制到 s.number 中，stu.score[0]的值被复制到 s.score[0]中，stu.score[1]的值被复制到 s.score[1]中，stu.score[2]的值被复制到 s.score[2]中。这是前面函数传递中讲到的值传递的内容，可以看到形参 s 的变化不会影响到实参 stu。

(3)由于结构中可能含有很多成员，从而占用较大的存储空间，因此，当形参是结构体变量时，形参也需要占用和实参一样大的空间，同时需要不断使用堆栈来保存各个成员的当前值，需要花费额外的时间和空间开销。为此，常用的方法是用结构指针来传递结构体类型数据，从而提高程序的运行效率。

例 7.6 改写例 7.5。函数通过结构体变量指针进行参数传递。

```
#include<stdio.h>
#define MAXLEN 100
struct student
```

```
{
    int number;            /*学生学号*/
    char name[20];         /*学生姓名*/
    float score[3];        /*学生三门课成绩*/
};
void f(struct student *s)
{
    s->score[0]+=10;
    s->number=2002;
    printf("\n\n学号  姓名        语文        数学        英语\n");
    printf("%-8d%-20s%-8.2f%-8.2f%-8.2f\n",s->number,s->
        name,s->score[0],s->score[1],s->score[2]);
}
void main()
{
    struct student stu;
    printf("请输入学生的学号、姓名、三门课的成绩\n");
    scanf("%d%s%f%f%f",&stu.number,stu.name,&stu.score[0],&stu.score
        [1],&stu.score[2]);
    f(&stu);
    printf("\n\n学号  姓名        语文        数学        英语\n");
    printf("%-8d%-20s%-8.2f%-8.2f%-8.2f\n",stu.number,stu.name,
        stu.score[0],stu.score[1],stu.score[2]);
}
```

其运行结果如图 7.8 所示。

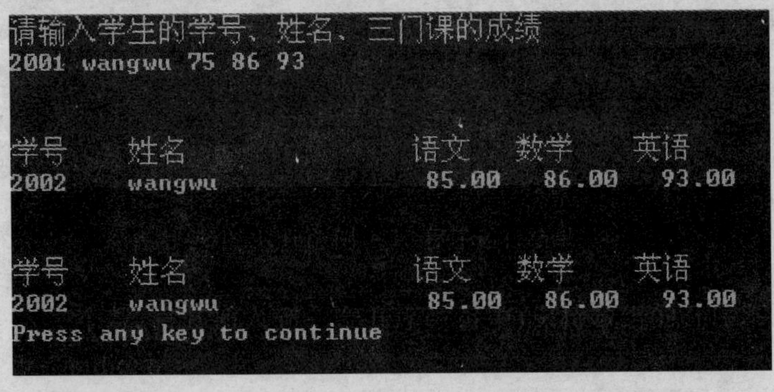

图 7.8　例 7.6 程序运行结果

该程序说明如下：

(1)实参是结构体变量的地址，形参是与实参有相同结构体类型的指针，该指针用来接收传递的结构体变量的首地址。被调用函数通过该指针来处理实参所对应的结构体变量的各成员，所以这种方式使得形参的变化会影响到实参。

(2)这样做的好处是不需要逐个传送各成员的值，也不需要使用大量的堆栈来存放形参各个成员的值，因此可以有效地节省时间和空间。

(3)这样做的缺点是被调用函数中对形参的操作将使实参各成员的值发生相应的变化，不利于数据的隐藏。

2.结构体数组的传递

函数不仅可以传递一般结构体变量，还可以传递结构体数组。在传递结构体数组时，实参是数组名，即结构体数组的地址或者是指向结构体数组的某个指针变量；形参是同类型的结构体数组名或者是结构体指针，它接收传递过来的数组首地址，使它指向实参所表示的结构体数组。

例 7.7 建立一个学生信息管理系统，主函数传递的实参是数组名(即指针常量)，input()用于输入学生信息，output()用于输出学生信息。输入函数和输出函数的形参分别是结构体数组名和结构体变量指针。

```
#include<stdio.h>
#define MAXLEN 100
struct student
{
    int number;          /*学生学号*/
    char name[20];       /*学生姓名*/
    float score[3];      /*学生三门课成绩*/
};
void input(struct student *sp,int n)
{
    int i,j=1;
    struct student *p;
    for(p=sp;p<sp+n;p++)
    {
        printf("请输入第%d 个学生的学号、姓名、三门课的成绩\n",j);
        scanf("%d%s",&p->number,p->name);
        for(i=0;i<3;i++)
            scanf("%f",&p->score[i]);
        j++;
    }
}
void output(struct student sp[],int n)
{
    int i,j;
    printf("\n\n 学号  姓名       语文        数学        英语\n");
    for(i=0;i<n;i++)
```

```
    {
        printf("%-8d%-20s",sp[i].number,(sp+i)->name);
        for(j=0;j<3;j++)
            printf("%8.2f",(*(sp+i)).score[j]);
        printf("\n");
    }
}
void main()
{
    struct student stu[MAXLEN];
    int count;
    printf("请输入学生的个数:");
    scanf("%d",&count);
    input(stu,count);
    output(stu,count);
}
```

其运行结果如图 7.9 所示。

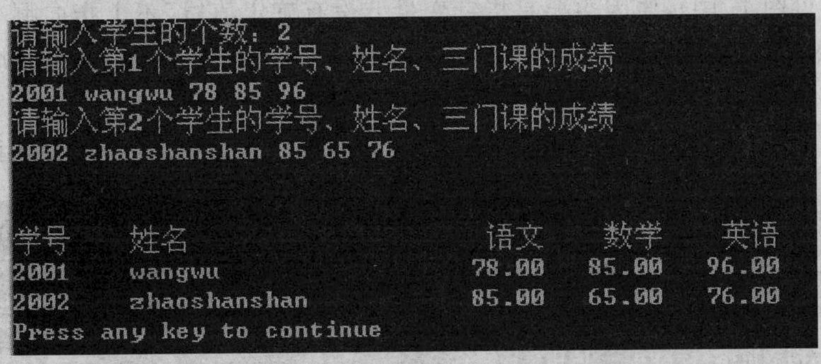

图 7.9　例 7.7 和例 7.8 程序运行结果

例 7.8　建立一个学生信息管理系统，主函数传递的实参是指针变量名，input()用于输入学生信息，output()用于输出学生信息。输入函数和输出函数的形参分别是结构体数组名和结构体变量指针。

程序和例 7.7 的基本上一样，只是主函数稍微修改一下：

```
void main()
{
    struct student stu[MAXLEN];
    structstudent *p;
    p=stu;                          /*这句必不可少*/
    int count;
    printf("请输入学生的个数:");
    scanf("%d",&count);
```

```
    input(p,count);                    /* 实参传递的指针变量 */
    output(p,count);                   /* 实参传递的指针变量 */
}
```

其运行结果如图 7.9 所示。

例 7.9 例如在例 7.7 程序中的主函数 main 中,可以传递实参不仅仅是数组名,也可以是指针变量。可以进行稍微的修改一下。但是如果把其中的第一条和第三条语句给去掉,则程序修改如下:

```
void main()
{
    struct student  *p;
    int count;
    printf("请输入学生的个数:");
    scanf("%d",&count);
    input(p,count);                    /* 实参传递的指针变量 */
    output(p,count);                   /* 实参传递的指针变量 */
}
```

发现主函数修改后,编译时没有错误,但是运行则出现错误,即无法从键盘终端输入学生数据到内存中(见图 7.10),原因主要是指针变量 p 没有确定值,谈不上指向哪个变量,也就无法从键盘终端将数据存入内存中,而在例 7.8 程序中使用指针变量作函数参数成功的原因是指针变量 p 指向了已经分配好的存储空间的起始地址 stu。

注意:如果用指针变量作实参,必须使指针变量有确定值,指向一个定义的单元。

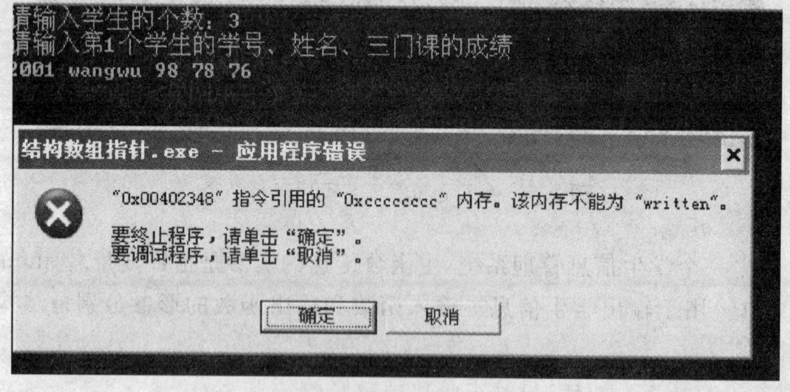

图 7.10　例 7.9 的程序运行结果

7.4 动态存储分配

7.4.1 动态存储分配的定义

C 程序主要用两种方法使用内存:一种是由编译系统分配的内存区;另一种是用内存动态分配方式。第一种方式是在程序编译时由系统给数据分配存储空间,程序运行结构体时由系统自动回收内存。而第二种方式是程序运行分配存储空间，当不需要这些存储空间时，还需要用户自己进行回收。

使用动态分配的优点：可以根据需要进行内存空间的分配，以避免存储空间的浪费，也可多为其他数据留下空间。

使用动态分配存储函数时，需要先使用预编译命令中的文件包含命令＃include<malloc.h>。

7.4.2　常用的动态分配存储函数

1．malloc 函数：申请动态内存函数

调用格式：void ＊malloc(unsigned int size)

作用：在内存中动态获取一个大小为 size 个字节的连续存储空间。该函数将返回一个 void 类型的指针，若分配成功，就返回所分配的空间的起始地址，否则返回空指针(NULL)。

void 型指针表示该地址并未指明存放何种类型的数据，具体到特定问题的使用时，再通过强制类型转换将该地址转换成某种数据类型的地址。

例如，申请能存储 100 个整型数据的动态内存，可以使用下列程序段：

```
int *p;
p=(int *)malloc(100*sizeof(int));
if(p==NULL)
   exit(1);
```

如果申请成功，可得到供 100 个整型数据分配的动态内存的起始地址，并把这个起始地址赋给指针变量 p，利用该指针就能对该区域里的数据进行操作或运算。如果申请不成功，则退出程序，返回操作系统。

2．calloc 函数：申请动态分配内存函数

调用格式：void　＊calloc(unsigned int n, unsigned int size)

作用：在内存中动态获取 n 个大小为 size 个字节的存储空间。该函数将返回一个 void 类型的指针，若分配成功，就返回所分配的空间的起始地址，否则返回空指针(NULL)。用该函数可以动态地获取一个一维数组空间，其中 n 为数组元素个数，每个数组元素的大小为 size 个字节。

3．free 函数：释放内存空间函数

调用格式：void free(p)

作用：释放由 p 指针所指向的内存空间，即系统回收，使这段空间又可以被其他变量所用。指针变量 p 是最近一次调用 malloc 或 calloc()函数时返回的值，不能是任意的地址。free 函数无返回值。

4．realloc 函数：重新分配内存空间函数

调用格式：void　＊realloc(void ＊p, unsigned int size)

作用：如果有足够空间用于扩大 p 指向的内存块，则分配额外内存，并返回 p；如果原先的内存大小后面没有足够的空闲空间用来分配，那么从堆中另外找一块 size 大小的内存，原有数据从头到尾拷贝到新分配的内存区域，而后释放原来 p 所指内存区域，同时返回新分配的内存区域的首地址，即重新分配存储器块的地址。

例 7.10　通过动态存储空间来存储学生数据，例如在例 7.7 程序中的主函数 main 中，程

序修改如下：

```
void main()
{
    struct student  * sp;
    int count;
    printf("请输入学生的个数:");
    scanf("%d",&count);                /* 动态分配 count 个学生的存储空间 */
    sp=(struct student * )malloc(count * sizeof(struct student));
    /* 或者用 sp=(struct student * )calloc(count,sizeof(struct student)); */
    input(sp,count);
    output(sp,count);
    free(sp);                          /* 释放动态分配的存储空间 */
}
```

其运行结果如图 7.9 所示。

注意 如果用数组来处理的话，必须事先分配一个足够大的连续空间，以保证数组元素数量充分够用，但这样处理是对存储空间的一种浪费。而用动态分配存储空间时，发现可以根据需要分配学生的存储空间。这里动态分配的若干个学生存储空间仍是连续的，指针变量 sp 可以当做是数组名一样进行各种操作。

7.5 链表的定义与实现

7.5.1 链表的定义

链表是一种动态数据结构。

动态链表就是指在程序执行过程中从无到有地建立起一个链表，即一个一个地开辟节点和输入各节点数据，并建立起前后相链的关系。

若一个结构的某些成员与该结构属于同一类型，则称为递归结构，也叫自嵌套结构。

单链表是一种最简单的链表，它由若干个节点首尾相接而成，每个节点有两个域。

节点中存放数据元素信息的域称为数据域 data，存放其后继地址的域称为指针域 next。

```
struct node
{
    datatype data;
    struct node  * next;
};
```

其中，datatype 是抽象数据类型，可以将其转换成具体的数据类型。它可以是整型、浮点型、字符型等基本数据类型，也可以是结构体等复合数据类型。

7.5.2 建立动态单链表

在链表尾插入节点建立线性表算法：

```
#include<stdio.h>
#include<malloc.h>
#include<string.h>
struct student
{
    int number;              /*学生学号*/
    char name[20];           /*学生姓名*/
    float score[3];          /*学生三门课成绩*/
};
typedef struct linknode
{
    struct student  stu;                  /*数据元素是学生结构体*/
    struct linknode *next;
}linknode;
linknode *CreateList()                    /*建立线性表*/
{
    int i=1;
    linknode *L;
    linknode *p, *s;
    struct student x;
    L=malloc(sizeof(linknode));
    L->next=NULL;
    p=L;
    printf("\n 请逐个输入节点,以学号 0 作为结束标记! \n");
    printf("\n");
    while(1)
    {
        printf("\n\n 请输入第%d 个学生的信息",i);
        printf("请输入学号,并按回车:");
        scanf("%d",&x.number);
        if(x.number==0)
        {
            printf("\n 输入结束! \n");
            break;
        }
        printf("请输入姓名,并按回车:");
        scanf("%s",x.name);
        printf ("请输入该学生的语文、数学、英语三门课成绩(用逗号间隔),最后按回
            车");
```

```
        scanf("%f,%f,%f",&x.score[0],&x.score[1],&x.score[2]);
        s=malloc(sizeof(linknode));
        s->stu.number=x.number;
        strcpy(s->stu.name,x.name);
        s->stu.score[0]=x.score[0];
        s->stu.score[1]=x.score[1];
        s->stu.score[2]=x.score[2];
        p->next=s;
        s->next=NULL;
        p=s;
        i++;
    }
    return L;
}
```

7.5.3 遍历单链表

遍历单链表的程序如下：

```
void ShowList(linknode *L)
{
    linknode *p=L;
    printf("\n\n 显示线性表的所有学生的信息:");
    if(L->next==NULL||p==NULL)
        printf("\n\t\t 链表为空!");
    else
    {
        p=L->next;
        while(p! =NULL)
        {
            printf("\n");
            printf("%-6d%-20s",p->stu.number,p->stu.name);
            printf ("%-8f%-8f%-8f",p->stu.score[0],p->stu.score[1],p
                ->stu.score[2]);
            p=p->next;
        }
    }
    printf("\n");
}
```

建立主函数 main，在主函数 main 中调用已经建立好的两个函数，一个是建立单链表函数 CreateList，一个是显示函数 ShowList。主函数如下所示：

```
void main()
{
    linknode *head=NULL;
    head=CreateList();
    ShowList(head);
}
```

其运行结果如图 7.11 所示。

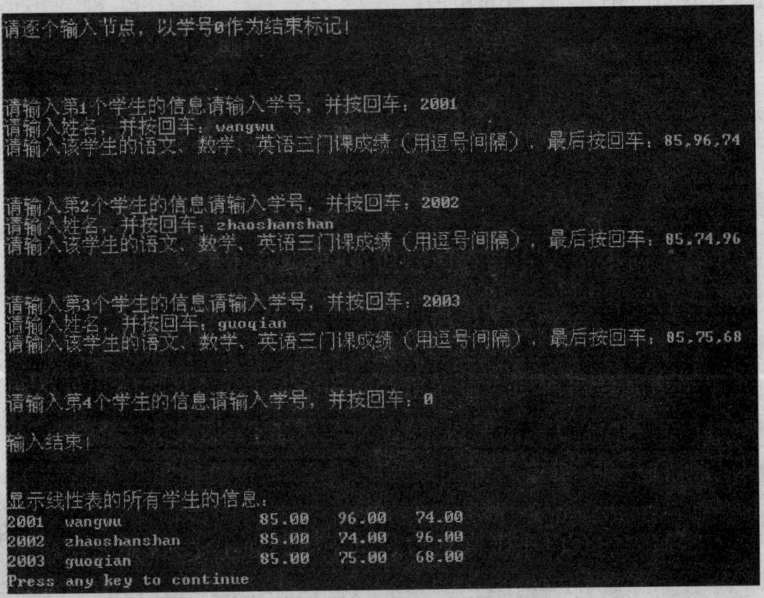

```
请逐个输入节点，以学号0作为结束标记!


请输入第1个学生的信息请输入学号，并按回车：2001
请输入姓名，并按回车：wangwu
请输入该学生的语文、数学、英语三门课成绩（用逗号间隔），最后按回车：85,96,74


请输入第2个学生的信息请输入学号，并按回车：2002
请输入姓名，并按回车：zhaoshanshan
请输入该学生的语文、数学、英语三门课成绩（用逗号间隔），最后按回车：85,74,96


请输入第3个学生的信息请输入学号，并按回车：2003
请输入姓名，并按回车：guoqian
请输入该学生的语文、数学、英语三门课成绩（用逗号间隔），最后按回车：85,75,68


请输入第4个学生的信息请输入学号，并按回车：0

输入结束!


显示线性表的所有学生的信息：
2001   wangwu            85.00    96.00    74.00
2002   zhaoshanshan      85.00    74.00    96.00
2003   guoqian           85.00    75.00    68.00
Press any key to continue
```

图 7.11　建立学生信息单链表并将单链表中所有学生信息显示

7.5.4　查找单链表中某个节点

查找单链表中某个节点的程序如下：

```
linknode * SearchList(linknode *L,int number)
{
    linknode *p;
    if(L==NULL||L->next==NULL)
        return NULL;
    p=L->next;
    while(p!=NULL&&p->stu.number!=number)
        p=p->next;
    return p;
}
```

在前面的 7.5.2 节和 7.5.3 节建立学生单链表并显示学生信息的基础上查找某个学生的信息，将主函数稍微修改一下，进行查找函数的调用。

```
void main()
```

```
{
    linknode *head=NULL, *p;
    int number;
    head=CreateList();
    ShowList(head);
    printf("\n\n 请输入要查找的学生的学号");
    scanf("%d",&number);
    p=SearchList(head,number);
    if(p! =NULL)
    {
        printf("%-6d%-20s",p->stu.number,p->stu.name);
        printf ("%-8.2f%-8.2f%-8.2f",p->stu.score[0],p->stu.score
              [1],p->stu.score[2]);
    }
    else
        printf("学号为%d 的学生不存在!",number);
}
```

其运行结果如图 7.12 所示。

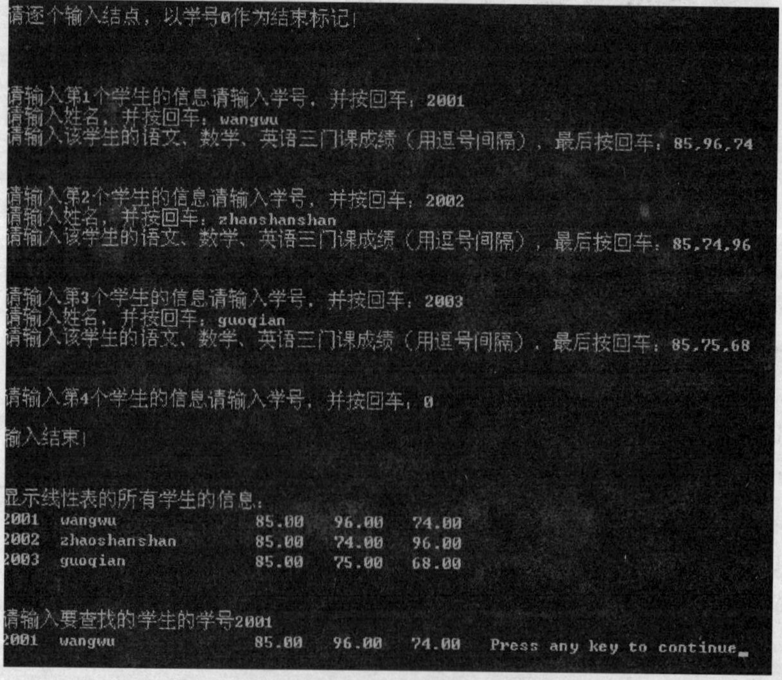

```
请逐个输入结点，以学号0作为结束标记!

请输入第1个学生的信息请输入学号，并按回车：2001
请输入姓名，并按回车：wangwu
请输入该学生的语文、数学、英语三门课成绩（用逗号间隔），最后按回车：85,96,74

请输入第2个学生的信息请输入学号，并按回车：2002
请输入姓名，并按回车：zhaoshanshan
请输入该学生的语文、数学、英语三门课成绩（用逗号间隔），最后按回车：85,74,96

请输入第3个学生的信息请输入学号，并按回车：2003
请输入姓名，并按回车：guoqian
请输入该学生的语文、数学、英语三门课成绩（用逗号间隔），最后按回车：85,75,68

请输入第4个学生的信息请输入学号，并按回车：0
输入结束!

显示线性表的所有学生的信息：
2001  wangwu              85.00   96.00   74.00
2002  zhaoshanshan        85.00   74.00   96.00
2003  guoqian             85.00   75.00   68.00

请输入要查找的学生的学号2001
2001  wangwu              85.00   96.00   74.00   Press any key to continue
```

图 7.12　在建立好的学生信息单链表中查找某个学生

7.5.5　从链表中删除节点

从链表中删除节点的程序如下：

```
int DelList(linknode *L,int number)
{
    linknode *p,*q;
    if(L==NULL)
    {
        printf("\n链表下溢!");
        return 0;
    }
    if(L->next==NULL)
    {
        printf("\n线性表已经为空!");
        return -1;
    }
    q=L;
    p=L->next;
    while(p!=NULL&&p->stu.number!=number)
    {
        q=p;
        p=p->next;
    }
    if(p!=NULL)
    {
        q->next=p->next;
        free(p);
        printf("\n学号为%d的节点已经被删除!",number);
        return 1;
    }
    else
    {
        printf("\n抱歉! 没有找到您要删除的节点。");
        return -2;
    }
}
```

在前面的 7.5.2 节和 7.5.3 节建立学生单链表并显示学生信息的基础上查找某个学生的信息，将主函数稍微修改一下，进行删除函数的调用。

```
void main()
```

```
{
    linknode *head=NULL;
    int number;
    head=CreateList();
    ShowList(head);
    printf("\n\n请输入要删除的学生的学号");
    scanf("%d",&number);
    DelList(head,number);
    ShowList(head);
}
```

其运行结果如图 7.13 所示。

```
请逐个输入结点，以学号0作为结束标记！


请输入第1个学生的信息请输入学号，并按回车：2001
请输入姓名，并按回车：wangwu
请输入该学生的语文、数学、英语三门课成绩（用逗号间隔），最后按回车：85,96,74


请输入第2个学生的信息请输入学号，并按回车：2002
请输入姓名，并按回车：zhaoshanshan
请输入该学生的语文、数学、英语三门课成绩（用逗号间隔），最后按回车：85,74,96


请输入第3个学生的信息请输入学号，并按回车：2003
请输入姓名，并按回车：guoqian
请输入该学生的语文、数学、英语三门课成绩（用逗号间隔），最后按回车：85,75,68


请输入第4个学生的信息请输入学号，并按回车：0

输入结束！


显示线性表的所有学生的信息：
2001   wangwu              85.00   96.00   74.00
2002   zhaoshanshan        85.00   74.00   96.00
2003   guoqian             85.00   75.00   68.00


请输入要删除的学生的学号2002

学号为2002的 节点已经被删除！

显示线性表的所有学生的信息：
2001   wangwu              85.00   96.00   74.00
2003   guoqian             85.00   75.00   68.00
Press any key to continue
```

图 7.13 在建立好的学生信息单链表中删除某个学生

7.5.6 在链表中插入节点

在链表中插入节点的程序如下：

```
int InsList(linknode *L,int i,struct student *sp)
{
    linknode *p, *s;
    int j=0;
```

```
    p=L;
    while(p! =NULL&&j<i)
    {
        j++;
        p=p->next;
    }
    if(p! =NULL)
    {   s=malloc(sizeof(linknode));
        if(! s)
        {
            printf("\n\t\t 分配新节点失败! \n");
            return 0;
        }
        s->stu= * sp;
        s->next=p->next;
        p->next=s;
    }
    else
    {
        printf("\n\t\t 线性表为空或插入位置超出! \n");
        return 0;
    }
    return 1;
}
```

在 7.5.2 节和 7.5.3 节建立学生单链表并显示学生信息的基础上查找某个学生的信息，将主函数稍微修改一下，进行插入函数的调用。

```
void main()
{
    linknode * head=NULL;
    int ipos;
    struct student x;
    head=CreateList();
    ShowList(head);
    printf("\n\n 请输入要插入新学生位置");
    scanf("%d",&ipos);
    printf("请输入学号,并按回车:");
    scanf("%d",&x.number);
    printf("请输入姓名,并按回车:");
    scanf("%s",x.name);
```

```
    printf("请输入该学生的语文、数学、英语三门课成绩(用逗号间隔),最后按
        回车:");
    scanf("%f,%f,%f",&x.score[0],&x.score[1],&x.score[2]);
    InsList(head,ipos,&x);
    ShowList(head);
}
```

其运行结果如图 7.14 所示。

```
请逐个输入结点,以学号0作为结束标记!


请输入第1个学生的信息请输入学号,并按回车:2001
请输入姓名,并按回车:wangwu
请输入该学生的语文、数学、英语三门课成绩(用逗号间隔),最后按回车:85,96,74


请输入第2个学生的信息请输入学号,并按回车:2002
请输入姓名,并按回车:zhaoshanshan
请输入该学生的语文、数学、英语三门课成绩(用逗号间隔),最后按回车:85,74,96


请输入第3个学生的信息请输入学号,并按回车:2003
请输入姓名,并按回车:guoqian
请输入该学生的语文、数学、英语三门课成绩(用逗号间隔),最后按回车:85,75,68


请输入第4个学生的信息请输入学号,并按回车:0

输入结束!


显示线性表的所有学生的信息:
2001  wangwu            85.00   96.00   74.00
2002  zhaoshanshan      85.00   74.00   96.00
2003  guoqian           85.00   75.00   68.00


请输入要插入新学生位置2
请输入学号,并按回车:2004
请输入姓名,并按回车:zhangli
请输入该学生的语文、数学、英语三门课成绩(用逗号间隔),最后按回车:75,68,89


显示线性表的所有学生的信息:
2001  wangwu            85.00   96.00   74.00
2002  zhaoshanshan      85.00   74.00   96.00
2004  zhangli           75.00   68.00   89.00
2003  guoqian           85.00   75.00   68.00
Press any key to continue
```

图 7.14 在建立好的学生信息单链表中插入某个学生

7.5.7 动态单链表基本运算的综合

动态单链表基本运算的综合程序如下:

```
void main()
{
    int choice,j=1;
    int number,ipos;
    struct student x;
    linknode *head=NULL;
    linknode *p=NULL;
    while(j)
```

```
{
    printf("\n");
    printf("\n 学生信息表子系统                    ");
    printf("\n* * * * * * * * * * * * * * * * * * * * * * * * * * *");
    printf("\n*            1————————建    表            *");
    printf("\n*            2————————插    入            *");
    printf("\n*            3————————删    除            *");
    printf("\n*            4————————显    示            *");
    printf("\n*            5————————查    找            *");
    printf("\n*            7————————返    回            *");
    printf("\n* * * * * * * * * * * * * * * * * * * * * * * * * * *");
    printf("\n 请选择菜单号(0—6):");
    scanf("%d",&choice);
    getchar();
    if(choice==1)
        head=CreateList();
    else
        if(choice==2)
        {
            printf("\n\n 请输入要插入新学生位置");
            scanf("%d",&ipos);
            printf("请输入学号,并按回车:");
            scanf("%d",&x.number);
            printf("请输入姓名,并按回车:");
            scanf("%s",x.name);
            printf ("请输入该学生的语文、数学、英语三门课成绩(用逗号间
                隔),最后按回车:");
            scanf("%f,%f,%f",&x.score[0],&x.score[1],&x.score[2]);
            InsList(head,ipos,&x);
    }
    else
        if(choice==3)
        {
            printf("\n\n 请输入要删除的学生的学号");
            scanf("%d",&number);
            DelList(head,number);
    }
    else
        if(choice==4)
```

```
                if(head==NULL)
                    printf("\n 请先建立线性表!");
                else
                    ShowList(head);
            else
                if(choice==5)
                {
                    printf("\n\n 请输入要查找的学生的学号");
                    scanf("%d",&number);
                    p=SearchList(head,number);
                    if(p!=NULL)
                    {
                        printf ("%-6d%-20s",p->stu.number,p->stu.
                            name);
                        printf ("%-8.2f%-8.2f%-8.2f",p->stu.score[0],p
                            ->stu.score[1],p->stu.score[2]);
                    }
                    else
                        printf("学号为%d 的学生不存在!",number);
                }
                else
                    if(choice==0)
                        j=0;
                    else
                        printf("\n\t\t 输入错误! 请重新输入!");
        }
    }
```

其运行结果如图 7.15 所示。

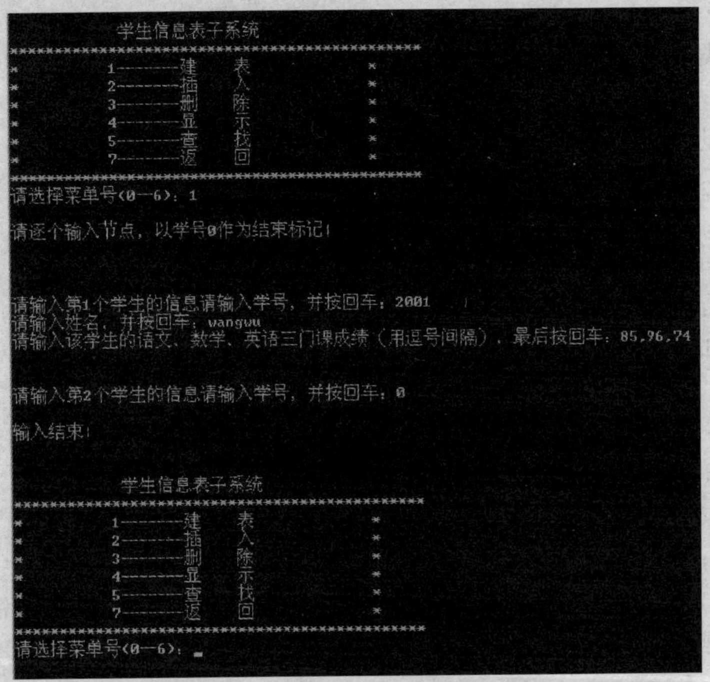

图 7.15　建立学生信息表子系统

7.6　联合类型

联合数据类型也称共用体数据类型，是指将不同的数据项存放于同一段内存单元的一种构造数据类型。同结构体类似，在一个共用体内可以定义多种不同的数据类型。例如，可以把一个整型变量、一个字符型变量、一个实型变量放在同一个地址开始的内存单元中，这 3 个变量在内存中占的字节数不一样，但都从同一个地址开始存放，也就是使用了覆盖技术，几个变量相互覆盖。虽然每一个成员均可以被赋值，但只有最后一次赋的值能够保存下来，而先前赋的成员值均被最后的值覆盖了。

7.6.1　联合与结构体的相同之处

1. 概念相同

联合是一种复合数据类型，由若干个成员组成。定义了联合类型后，可以用它来定义联合变量、联合数组、联合指针以及联合指针数组。

2. 定义方式相同

除了将关键字 struct 换成 union 以外，结构体的各种定义方式都可以用来定义联合。

(1)联合类型定义。联合类型定义的一般形式如下：

```
union　[联合名]
{
    类型标识符　　成员名;
    类型标识符　　成员名;
```

```
    ……
    类型标识符      成员名;
};
```

(2)联合变量的定义。和C语言中的结构体变量的定义方式一样,也有3种定义方式。

1)单独定义:先单独定义联合类型,再定义变量。

例如,利用上面定义好的联合类型来定义变量:

```
union student stu1,stu2;
```

2)混合定义:在定义联合类型的同时定义变量。

```
union data
{
    char c;
    short int a;
    float f;
}d1,d2;
```

3)无类型名定义:一旦程序中只需要一次某个联合类型的变量,以后不需要该联合类型时,可以采用这种定义方式。

```
union
{
    char c;
    short int a;
    float f;
}d1,d2;
```

3. 引用成员方式相同

可以用"."或"－＞"运算符来访问联合变量或联合数组元素的成员。当用变量名或等价的变量名访问时,用"."运算符;当用指针或数组名访问时,用"－＞"运算符。

4. 赋值方式相同

只能对联合变量或联合数组元素的成员逐个赋值、输入和输出,不能对联合变量进行整体赋值、输入和输出。相同类型的联合变量也可以相互拷贝,即把一个联合变量整体复制到另一个相同类型的联合变量中。

5. 结构体和联合可以互为成员

结构体和联合的成员可以相互嵌套。

7.6.2 联合与结构体的不同之处

1. 内存分配模式不同

这是两者的本质区别。在结构中各成员有各自的内存空间,一个结构体变量的总长度是各成员长度之和;而在联合中,各成员共享同一段内存空间。一个联合变量的长度等于各成员中最长的长度。

若已知定义的学生信息结构体如下:

```
union data
```

```
{
    char c;
    short int a;
    float f;
};
```

则联合内存分配模式如图 7.16 所示。

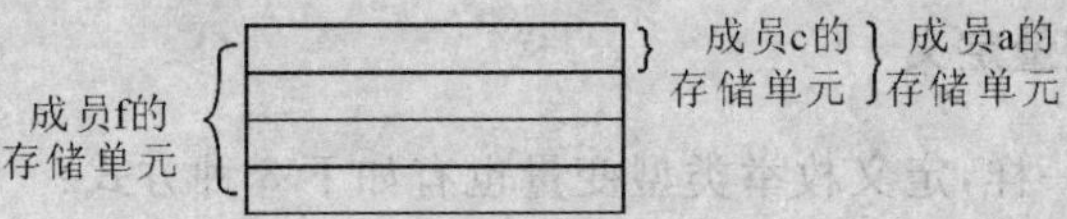

图 7.16　联合类型 union data 的内存分配模式

有关联合类型的内存分配模式，有以下几点需要说明：

(1)每个成员都从第一个字节开始存放。

(2)联合体中的成员不能同时使用。也就是说联合变量中起作用的成员是最后一次存放值的成员，在存入一个新的成员值后，原有的成员值失去作用。

例如：

```
union data  d1;
d1.c='f';
d1.a=12;
d1.f=13.5;
```

虽然先后 3 次给 3 个成员赋了值，但只有最后赋的值“13.5”是有效的。

(3)占用字节数等于占用内存最多的成员占用的单元数。一般地一种联合类型所需要的内存空间字节数可以用 sizeof(结构类型名)来确定。例如：

sizeof(union data)的值为 4。

(4)联合类型变量的地址和它各成员的地址都是同一地址。例如：

&d1,& d1.c,& d1.a,& d1.f 都是同一地址。

2. 初始化不同

不能对联合类型变量赋值，也不能企图引用联合变量名得到成员的值，不能在定义联合类型变量时对其进行初始化。例如：

```
union data d1={'c',35,12.6};      /* 这是错误的初始化方式 */
```

3. 函数用法不同

不能把联合类型变量作为函数参数，也不能把函数的返回值定义为联合类型，但可以指向联合变量的指针。

7.7　枚举类型

如果一个变量只有几种可能的值(例如一个月只有 30 天，一星期只有 7 天)，就可以将它定义成枚举变量。“枚举”是将变量可能的值一一列举出来(即一系列命名的整型常量，称之为枚举常量)而枚举变量只能取其中之一，也就是枚举变量的值的范围是确定的，是有限的。

7.7.1 枚举类型的定义的格式

枚举类型的定义格式如下：

enum 枚举类型名{枚举元素名 1，枚举元素名 2，…，枚举元素名 n}；

例如：

```
enum week{SUN,MON,TUE,WED,THU,FRI,SAT};
```

7.7.2 枚举类型变量定义

如同联合和结构体一样，定义枚举类型变量也有如下 3 种方式：

(1)单独定义：先单独定义枚举类型，再定义枚举变量。例如：

```
enum week{SUN,MON,TUE,WED,THU,FRI,SAT};
enmu week a,b;
```

(2)混合定义：在定义枚举类型的同时定义变量。例如：

```
enum week{SUN,MON,TUE,WED,THU,FRI,SAT}weekday1,weekday2;
```

(3)无类型名定义：一旦程序中只需要一次某个枚举类型的变量，以后不需要该枚举类型时，可以采用这种定义方式。例如：

```
enum {SUN,MON,TUE,WED,THU,FRI,SAT}weekday1,weekday2;
```

7.7.3 枚举类型变量的赋值和引用

(1)枚举类型说明中的元素一般作常量名而不是变量名处理，因此不能对枚举元素赋值。例如：

```
SUN=6;MON=6;
```

这些赋值操作都是错误的。

(2)枚举元素的值是在定义时指定。默认的是对这些常量按照元素的定义顺序分别使它们表示 0，1，2，…，n－1。例如：

```
enum week{SUN,MON,TUE,WED,THU,FRI,SAT};
```

这里面的 SUN 为 0，MON 为 1，TUE 为 2，WED 为 3，THU 为 4，FRI 为 5，SAT 为 6。

也可以改变默认的枚举元素的值，对于没指定值的元素，其取值原则仍按所处的顺序取。例如：

```
enum week{SUN=7,MON=1,TUE,WED,THU,FRI,SAT};
```

这里面的 SUN 为 7，MON 为 1，TUE 为 2，WED 为 3，THU 为 4，FRI 为 5，SAT 为 6。

(3)只能将枚举值赋给枚举变量，反之则不行。例如：

```
enum week weekday;
weekday=SAT;  /*正确*/
SAT=0;  /*错误*/
```

(4)一个整数不能赋给枚举变量，要进行强制类型转换。同样枚举元素如果进行加减运算，也需要通过类型转换。例如：

```
weekday=(enum week)5;
Weekday=(enumweek)(MON+3);
```

注意　整型数据赋给枚举变量时，该整型数据必须是在枚举集合中。

(5)枚举元素不是字符串常量，而是整型常量，因此在使用时不需要加引号。

(6)枚举变量可以比较大小。例如：

```
enum week{SUN,MON,TUE,WED,THU,FRI,SAT}workday;
for(workday=MON;workday<SAT;workday++)
printf("%d",workday);
```

(7)枚举变量输入和输出时，只能以整型的格式，不能以字符串的格式。例如：

```
enum week{SUN,MON,TUE,WED,THU,FRI,SAT}workday;
workday= WED;
printf("%s",workday);    /* 错误 改为 printf("%d",workday); */
```

7.8　类型定义符

为了给现有的数据类型取一个更有意义的名字，适应用户的习惯而且可以帮助编写移植性更强的程序，C 语言通过 Typedef 实现为已有的数据类型定义类型别名的机制。

注意　没有产生新的数据类型，只是为现存的类型定义了一个新的名字。新的类型标识符与原有的标识符可以等效使用。

typedef 定义的一般格式：

typedef 类型名　新类型名

其中类型名必须是系统提供的数据类型或是用户定义好的数据类型。新类型名一般用大写字母表示，以便与系统提供的标准类型区别。

(1)为基本类型命名。例如：

```
typedef int INTEGER;
typedef float REAL;
```

变量定义：

```
INTEGER i,j,k;
REAL f1,f2;
```

将被编译程序处理为：

```
int i,j,k;
float f1,f2;
```

(2)为数组类型命名。例如：

```
typedef int   ARRAY[100];
ARRAY a,b,c;
```

(3)为结构体、联合及枚举类型命名。例如：

```
typedef struct
{
  char name[20];               /*学生姓名*/
  int number;                  /*学生学号*/
  char sex;                    /*学生性别*/
```

```
    int age;                  /* 学生年龄 */
    int score;                /* 学生总成绩 */
}STUDENT;                     /* 学生结构类型名 */
STUDENT stu1,stu[10], *sp;
```

定义一个结构体变量 stu1,结构体数组变量 stu,以及一个指向该结构体类型的指针变量 sp。

注意 typedef 与 # define 相似与不同之处。例如,typedef int INTEGER 与 # define INTEGER int 相似之处都是用 INTEGER 代表 int。区别之处是 # define 是在预编译时处理的,它只能作简单的字符替换,而 typedef 是在编译时处理的。

本章小结

(1)结构体类型和基本类型不一样,基本类型是由系统预定义的,如 int,float 等,直接可以使用,而结构体类型是一种复合类型,根据需要由程序员在使用前自行定义。"结构体"是一种复合类型,它是由若干个"成员"组成的。

(2)联合数据类型也称共用体数据类型,是指将不同的数据项存放于同一段内存单元的一种构造数据类型。同结构体类似,在一个共用体内可以定义多种不同的数据类型。

(3)如果一个变量只有几种可能的值(例如一个月只有 30 天,一星期只有 7 天),就可以将它定义成枚举变量。

(4)链表是一种动态数据结构。动态链表就是指在程序执行过程中从无到有地建立起一个链表,即一个一个地开辟节点和输入各节点数据,并建立起前后相链的关系。

(5) 类型定义 typedef 向用户提供了一种自定义类型说明符的手段,既照顾了用户编程使用词汇的习惯,又增加了程序的可读性。

练 习 题

一、选择题

1. 当说明一个结构体变量时系统分配给它的内存是(　　)。

(A)各成员所需内存量的总和

(B)结构体第一个成员所需内存量

(C)成员中内存量最大者所需的容量

(D)结构体中最后一个成员所需内存量

2. C 语言共用体类型变量在程序执行时,使用期间(　　)。

(A)所有成员一直驻留在内存中　　(B)部分成员驻留在内在中

(C)没有成员驻留在内存中　　(D)只有一个成员驻留在内存中

3. 若已经定义 typedef struct person{ int a, b; } person1 ;,则下列叙述中正确的是(　　)。

(A)person 是结构体变量　　(B) person1 是结构体变量

(C)person1 是结构体类型　　(D) a 和 b 是结构体变量

4. 设有如下定义：

```
struct
{
    char c;
    int b;
}data;
int *p;
```

若要使 p 指向 data 中的 c 域，正确的赋值语句是(　　)。

(A)p=&c;　　(B)p=data.c;　　(C)p=&data.c;　　(D) *p=data.c;

5. 若有以下说明和语句：

```
struct student
{   int age;
    int num ;
} std , *p ;
p=&std;
```

则以下对结构体变量 std 中成员 age 的引用方式不正确的是(　　)。

(A)std . age　　(B) p -> age　　(C) (*p) . age　　(D) *p . age

6. 若有下列结构体说明、变量定义和赋值语句：

```
typedef struct
{
    int num;
    char name[20];
    int age;
char sex;
}student;
student stu[20], *p;
p=&stu[2];
```

则以下 scanf 函数调用语句中错误引用结构体变量成员的是(　　)。

(A) scanf("%s",stu[2].name,);　　(B) scanf("%d",&stu[2].age);

(C) scanf("%c",&(p->sex));　　(D) scanf("%d",p-> num);

7. 若有以下结构体定义和初始化，则值为 8 的表达式是(　　)。

```
struct aa{
   int x ;
   int y; } c[ ]={5,6,7,8};
```

(A)y　　(B)c[1].y　　(C)c.y[0]　　(D)c.y[1]

8. 设有如下程序段，则 data.b 的值为(　　)。

```
union u{
          int a;
```

```
            int b;
            char c
            float d;
            } data;
    data. a=11;data. b=22;data. d=23;
```

(A) 11　　(B) 22　　(C) 23　　(D) (A)(B)(C)都不是

9. 设有如下程序段,则 temp. ch 的值为(　　)。

```
    union u_type
    {
      int k;
      char ch;
    }temp;
    temp. k=259
```

(A) 255　　(B) 259　　(C) 3　　(D) 1

10. 已知学生记录如下:

```
    struct student
    {
        char name[20];                    /*学生姓名*/
        int number;                       /*学生学号*/
        char sex;                         /*学生性别*/
        struct date                       /*日期结构类型名*/
        {
            int year;                     /*年*/
            int month ;                   /*月*/
            int day;                      /*日*/
        } birthday;                       /*学生出生日期*/
          int score;                      /*学生总成绩*/
    };
      struct student stu;
```

设变量 stu 中的"日期"应是"1982 年 11 月 15 日",下列对"日期"的正确赋值方式是(　　)。

(A)year=1982; month=11; day=15;

(B)data. year=11979;data. month=8;data. day=8;

(C)stu. year=1982;stu. month=11;stu. day=15;

(D)stu. data. year=1979; stu. data. month=8;stu. data. day=8;

11. 设有如下结构体说明:

```
    typedef struct
    {
      int number;
```

```
        char name[20];
        int age;
    char sex;
    }student;
```

则以下选项中,能正确定义结构体数组并赋初值的语句是(　　)。

(A) student stu[2]={{2001,"wangwu",21},{2002,"zhangsan",20}};

(B) struct stu[2]={{2001,'wangwu',21},{2002,'zhangsan',20}};

(C) student stu[2]={{2001,"wangwu",2002,"zhangsan",20};

(D) struct student stu[2]= {{2001,"wangwu",21},{2002,"zhangsan",20}};

12. 若有下面的说明和定义,则 sizeof(struct data) 的值是(　　)。

```
struct data
{int d;
 char c[10];
 float f;
 union uu
 {char c[5]; int d[2]; } dd;
 }mydata;
```

(A)30　　(B)29　　(C)24　　(D)26

13. 若有以下说明和语句:

```
typedef struct
{
  int number;
  char * name;
}student
student stu[10]={2001,"zhangdan",7,"li",9,"wang"}, * p=stu;
```

则值为 2002 的表达式是(　　)。

(A)p++ ->number　　(B)p->number

(C) ++p-> number　　(D)(* p). number

14. 以下对枚举类型名的定义中正确的是(　　)。

(A)enum a={first,second,third};

(B)enum a {first=9,second=-1,third};

(C)enum a={"first","second","third"};

(D)enum a {"first","second","third"};

15. 以下程序的输出是(　　)。

```
struct data
{ int x; int * y;} * p;
int d[4]={ 11,22,33,44 };
struct data mydata[4]={ 50,&d[0],60,&d[1],80,&d[2],60,&d[3],};
main()
```

```
{ p=&mydata[2];
  printf("%d\n",++(p->x));
}
```

(A) 11　　　　(B) 12　　　　(C) 81　　　　(D) 60

16. 设已经定义 union u{ int a;　int b; } vu={15,26};,则(　　)。

(A) 共用体成员 a 和 b 的值都是 15

(B) 共用体成员 a 和 b 的值都是 26

(C) 共用体成员 a 的值是 1,b 的值是 26

(D) 该定义错误

17. 设有定义 enum color{blue, white ,red, black} flower;,则下列叙述中正确的是(　　)。

(A) color 是类型,flower 是变量,white 是常量

(B) color 是类型,flower 和 white 是变量

(C) color 和 flower 是类型,white 是常量

(D) color 和 flower 是变量,white 是常量

18. 设有定义 enum date {year,month,day}d;,则正确的表达式是(　　)。

(A)year=4　　　　(B) d=year　　　　(C)d="year"　　　　(D) date="year"

19. 下面有关 typedef 语句的叙述中,正确的是(　　)。

(A) typedef 语句用于定义新类型

(B) typedef 语句用于定义新变量

(C) typedef 语句用于给已定义类型取别名

(D) typedef 语句用于给已定义变量取别名

20. 若已建立下面的链表结构,指针 p ,q 分别指向图中所示节点,则不能将 q 所指的节点插入到链表末尾的一组语句是(　　)。

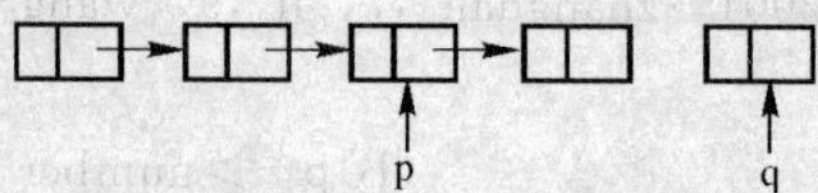

(A) q->next=NULL ; p=p->next ; p->next=q ;

(B) p=p->next ; q-> next=p->next ; p->next=q ;

(C) p=p->next ; q->next=p ; p->next=q ;

(D) p=(* p) . next ; (* q) . next=(* p) . next ; (* p) . next=q;

21. 若已建立下面的链表结构,指针 p ,q ,r 分别指向图中所示节点,则不能将 q 所指的节点从链表中删除的是一组语句是(　　)。

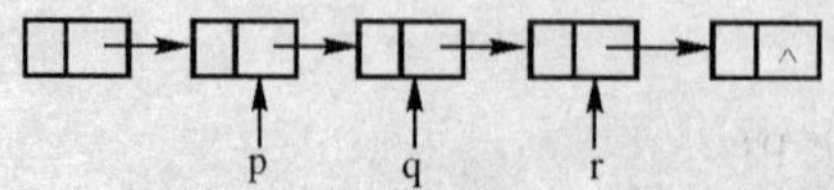

(A)p->next=q->next;　　　　(B)p->next=p->next->next;

(C)p->next=r;　　　　(D)p=q->next;

22. 有如下程序：

```
void main()
{
    char  * p, * q;
    p=(char  * )malloc(sizeof(char) * 20);
    q=p;
    scanf("%s   %s",p,q);
    printf("%s   %s",p,q);
}
```

若从键盘输入：wang zhang<回车>，则输出结果是(　　)。

(A)wang zhang　　(B)wangzhang　　(C)wangz　　(D)gg

23. 有如下程序：

```
#include<stdio.h>
struct NODE
{ int data;
  struct NODE  * next;}
void main()
{
    p=(struct NODE * )malloc(sizeof(struct NODE));
    q=(struct NODE * )malloc(sizeof(struct NODE));
    r=(struct NODE * )malloc(sizeof(struct NODE));
    p->data=15; q->data=26;  r->data=37;
    p->next=q;   q->next=r;
    printf("%d\n",p->data+q->next->data);
```

程序运行后的输出结果为(　　)。

(A)15　　(B) 26　　(C)41　　(D)52

24. 下面程序的运行结果是(　　)。

```
void main()
{
    enum em{em1=4,em2=2,em3};
    char  * aa[]={"AA","BB","CC","DD","EE"};
    printf("\n%s%s%s\n",aa[em1],aa[em2],aa[em3]);
}
```

(A)AABBCC　　(B)EECCDD　　(C)DDBBEE　　(D)EEDDBB

25. 设有定义语句 enum data{my,your=2,his,her=his+6};，则 printf("%d,%d,%d,%d\n",my,your,his,her);的输出是(　　)。

(A) 0,1,2,3　　(B) 0,4,0,6　　(C) 0,2,3,11　　(D) 1,2,3,11

二、填空题

1. 求n个学生的平均成绩。

```
#include<stdio.h>
#include<string.h>
struct student
{
    int number;          /*学生学号*/
    char name[20];       /*学生姓名*/
    float score;     /*学生成绩*/
};
float aver(struct student  stu[ ], int n)
{
    struct student  *sp;
    int i;
    float sum,average;
    for(i=0;i<3;i++)
    {
        ________________;
        for(sp=stu;sp<stu+n;sp++)
            ________________;
        ________________;
    }
    return average;
}
```

2. 查找单链表中某个节点。

```
struct student
{
    int number;          /*学生学号*/
    char name[20];       /*学生姓名*/
};
typedef struct linknode
{
    struct student  stu;          /*数据元素是学生结构体*/
    struct linknode *next;
} linknode;
linknode * SearchList(linknode *L,int number)
{
    linknode *p;
```

```
    if(L==NULL||L->next==NULL)
        return NULL;
    p=L->next;
    while(p!=NULL&&____________)
        ____________;
    return p;
}
```

三、程序设计题

1. 用结构体类型描述一个学生的信息，其中含有：姓名、学号、语文成绩、数学成绩、英语成绩、平均成绩、排名次序。输入全班学生（人数不超过 50 人）的数据（不包括平均成绩和排名次序），求出各人的平均成绩，并按平均成绩由高到低将学生排名次（要考虑并列名次），按名次顺序输出这些学生的所有数据。

2. 用结构体变量表示平面上的一个点（横坐标和纵坐标），输入两个点，求两点之间的距离。

3. 用结构体变量表示日期（年、月、日），任意输入一个日期，求它是当年的第几天。

4. 箱子中有若干个红、黄、白、蓝 4 种颜色的小球，每次从中取出 2 个，求得到两种不同颜色的小球的可能情况，并输出每种颜色组合（使用枚举类型）。

5. 写一个程序建立一个链表存储线性表，然后将该线性表逆置并输出。要求在 input 函数中建立链表，调用 reverse 函数实现链表的逆置，调用 output 函数输出链表。

第8章 位 运 算

C语言是介于汇编语言和高级语言之间的一种中级语言,它综合了高级语言和汇编语言的功能,因此它不仅可以实现系统软件的开发,也可以实现汇编语言的位操作(即位运算),直接对地址进行运算。

所谓位运算是指对其操作数按二进制形式逐位地进行逻辑运算或移位运算。由于运算符的特点,操作数只能是整数类型或字符类型的数据,不能是实型数据,运算的结果仍然是整型的。

位操作分为两类:一类是位逻辑运算;另一类是移位运算。

8.1 位逻辑运算

如表8.1所示列出了C语言中的位逻辑运算符及其含义。从表中看出,C语言中的位逻辑运算符,除了"按位非"外,都是双目的。位逻辑运算实现对二进制位逐个进行逻辑运算。由位逻辑运算符和运算对象构成的表达式,称为"位逻辑表达式"。其中除了单目运算符外,其余3个位逻辑运算符的优先级在整个C语言运算符中的位置是:大于逻辑运算符,小于关系运算符。同时参与运算的数均以补码方式出现。

表8.1 位逻辑运算符

位逻辑运算符	名 称	运算对象个数	含 义
~	按位非	单目	相应位是1为0;相应位是0为1
&	按位与	双目	相应位都是1,才是1,否则为0
|	按位或	双目	相应位只要有一个是1,就是1,否则为0
∧	按位异或	双目	相应位不同,为1,否则为0

8.1.1 求反运算

求反运算符"~"是单目运算符。

优先级:由于"~"是单目运算符,所以优先级高于双目运算符。因此它是位运算符中优先级最高的。同时它也比算术运算符、关系运算符、逻辑运算符和其他运算符优先级都高。

结合性:由于求反运算符是单目运算符,所以具有右结合性。

功能:对参与运算的数的各个二进制位进行"取反"操作。即对应的二进制位为0时,结果为1;为1时,结果为0(见表8.2)。

例如，～5 的运算为～(00000101)，结果为 11111010(十进制数的－6)，这和取负是有区别的。

表 8.2　按位求反运算

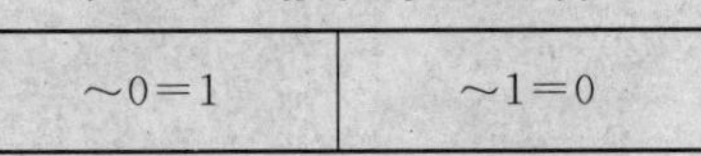

～0=1	～1=0

```
i=68,j=-69
Press any key to continue
```

图 8.1　例 8.1 按位求反运算程序运行结果

例 8.1　验证按位求反运算。

```
#include<stdio.h>
void main()
{
    int i=68,j;
    j=～i;
    printf("i=%d,j=%d\n",i,j);
}
```

其运行结果如图 8.1 所示。

8.1.2　按位与运算

按位与运算符“&”是双目运算符。

优先级：低于求反运算符，高于按位异或运算符。

结合性：由于按位与运算符是双目运算符，所以具有左结合性。

功能：对参与运算的两个操作数各对应的二进制位相与。只有对应的两个二进制位均为 1 时，结果位才为 1，否则为 0(见表 8.3)。

表 8.3　按位与运算

0&0=0	0&1=0	1&0=0	1&1=1

例如，7&11 的按位与运算。

```
  00000111      (7 的二进制编码)
& 00001011      (11 的二进制编码)
  00000011      (3 的二进制编码)
```

可见 7&11=3。

根据表 8.3 可以总结关于按位与运算的两个特点：

(1)任何位上的二进制数只要和 0 进行与运算，该位值为 0(也称为该位被屏蔽)。

(2)任何位上的二进制数只要和 1 进行与运算，该位值保持不变。

利用上述特点可以实现对指定位清零和保留功能。

例如，判断 int 型变量 a 是奇数还是偶数，则可以通过：a&1=0，偶数；a&1=1，奇数。

又如，对于二进制数 00101110 指定第 2 位和第 6 位为零。

分析　根据按位与运算的特点(1)，使第 2 位和第 6 位为零；根据按位与运算的特点(2)，剩余位保持不变，则第 1,3,4,5,7,8 位都为 1。则让原有的二进制数 00101110 与 11011101 进行与运算：

```
  00101110
 &11011101
 ---------
  00001100
```

例 8.2 验证按位与运算。

```
#include<stdio.h>
void main()
{
    int i=121,j=34,k;
    k=i&j;
    printf("i=%d,j=%d,i&j=%d\n",i,j,k);
}
```

其运行结果如图 8.2 所示。

```
i=121,j=34,i&j=32
Press any key to continue
```

图 8.2 例 8.2 按位与运算程序运行结果

8.1.3 按位或运算

按位或运算符“|”是双目运算符。

优先级：是位逻辑运算符中优先级最低的。

结合性：由于按位或运算符是双目运算符，所以具有左结合性。

功能：对参与运算的两个操作数各对应的二进制位相或。只要对应的两个二进制位有一个为 1 时，结果位就为 1，否则为 0(见表 8.4)。

表 8.4 按位或运算

0|0=0	0|1=1	1|0=1	1|1=1

例如，7|11 的按位或运算。

```
  00000111     (7 的二进制编码)
| 00001011     (11 的二进制编码)
  --------
  00001111     (15 的二进制编码)
```

可见 7|11=15。

根据表 8.4 可以总结关于按位或运算的两个特点：

(1)任何位上的二进制数只要和 1 进行或运算，该位值就为 1。

(2)任何位上的二进制数只要和 0 进行或运算，该位值保持不变。

利用上述特点可以实现对指定位置 1 和保留功能。

例如，对于二进制数 00101110 指定第 2 位和第 7 位置 1，其余保持不变。

分析 根据按位与运算的特点(1)，使第 2 位和第 7 位为 1；根据按位与运算的特点(2)，剩余位保持不变，则第 1，3，4，5，6，8 位都为 0。则让原有的二进制数 00101110 与 01000010 进行或运算：

```
 00101110
|01000010
 01101110
```

例 8.3　验证按位或运算。

```
#include<stdio.h>
void main()
{
    int i=121,j=34,k;
    k=i|j;
    printf("i=%d,j=%d,i|j=%d\n",i,j,k);
}
```

其运行结果如图 8.3 所示。

```
i=121,j=34,i|j=123
Press any key to continue
```

图 8.3　例 8.3 按位或运算程序运行结果

8.1.4　按位异或运算

按位异或运算符"∧"是双目运算符。

优先级:低于按位与运算符,高于按位或运算符。

结合性:由于按位异或运算符是双目运算符,所以具有左结合性。

功能:是对参与运算的两个操作数各对应的二进制位相异或。当对应的两个二进制位不同时,结果位才为 1,否则为 0(见表 8.5)。

表 8.5　按位异或运算

0∧0=0	0∧1=1	1∧0=1	1∧1=0

例如,7∧11 的按位异或运算。

```
  00000111        (7 的二进制编码)
∧ 00001011        (11 的二进制编码)
  00001100        (12 的二进制编码)
```

可见 7∧11=12。

根据表 8.5 可以总结关于按位异或运算的两个特点:

(1)任何位上的二进制数只要和 1 进行异或运算,该位值就翻转(即该位求反操作)。

(2)任何位上的二进制数只要和 0 进行异或运算,该位值保持不变。

利用上述特点可以实现对指定位翻转和保留功能。

例如,对于二进制数 00101110 指定第 2 位和第 7 位翻转,其余保持不变。

分析 根据按位异或运算的特点(1),使第2位和第7位为1;根据按位与运算的特点(2),剩余位保持不变,则第1,3,4,5,6,8位都为0。则让原有的二进制数00101110与01000010进行异或运算:

```
   00101110
∧  01000010
-----------
   01101100
```

例 8.4 验证按位异或运算。

```
#include<stdio.h>
void main()
{
    int i=121,j=34,k;
    k=i∧j;
    printf("i=%d,j=%d,i∧j=%d\n",i,j,k);
}
```

其运行结果如图8.4所示。

```
i=121,j=34,i^j=91
Press any key to continue_
```

图 8.4 例 8.4 按位异或运算程序运行结果

再根据异或位运算的相同为0,相异为1的特点,可以得到一个数对本身的异或,则值为0。根据这一特性,两个数进行交换,可以通过异或运算。

例如,有a=6,b=9,如果想使a和b的值交换,可用以下赋值语句来实现:

```
c=a∧b;
b=c∧b;
a=c∧a;
```

运算过程如下:

a=0110	c=1111	c=1111
∧b=1001	∧b=1001	∧a=0110
c=1111	b=0110(十进制数6)	a=1001(十进制数9)

可见变量a和b的值进行了交换。

实际上进行了以下两步操作:

(1)b=c∧b=a∧b∧b=a∧(b∧b)=a∧0=a

(2)a=c∧a=a∧b∧a=b∧(a∧a)=b∧0=b

例 8.5 通过位异或运算实现两数交换。

```
#include<stdio.h>
void main()
{
    int a=8,b=5,c;
```

```
    c=a∧b;
    b=c∧b;
    a=c∧a;
    printf("a=%d,b=%d\n",a,b);
}
```

其运行结果如图 8.5 所示。

```
a=5,b=8
Press any key to continue_
```

图 8.5　例 8.5 通过位异或运算实现两数交换程序运行结果

8.2　移 位 运 算

如表 8.6 所示列出了 C 语言中的移位运算符及其含义。移位运算实现二进制位的顺序向左或向右移位。由移位运算符和运算对象构成的表达式，称为“移位表达式”。移位运算符的优先级在整个 C 语言运算符中的位置是：大于关系运算符，小于算术运算符。

表 8.6　移位运算

移位运算符	名　称	运算对象个数	含　义
<<	左移	双目	左移若干位
>>	右移	双目	右移若干位

8.2.1　左移运算

左移运算符“<<”是双目运算符。

优先级：左移运算和右移运算优先级是一样的。

结合性：由于左移运算符是双目运算符，所以具有左结合性。

功能：是把“<<”左边运算数的各二进制位全部左移若干位，由“<<”右边的数指定移动的位数，高位左移后溢出，舍弃不起作用，低位补 0。

例如，6<<2，指把 6 的各个二进制位左移动两位。即 00000110（十进制数 6）向左移动两位后为 00011000（十进制数 24）。

左移一位相当于该数乘以 2，左移两位相当于该数乘以 $2^2=4$，但是此结论只适合于该数左移时舍弃的高位中不包含 1 的情况。

例 8.6　验证按位左移运算。

```
#include<stdio.h>
void main()
{
    unsigned short int i=32,j;
```

```
    j=i<<1;
    printf("i=%d,j=%d\n",i,j);
    j=i<<2;
    printf("i=%d,j=%d\n",i,j);
}
```

```
i=32,j=64
i=32,j=128
Press any key to continue
```

图 8.6　例 8.6 按位左移运算程序运行结果

其运行结果如图 8.6 所示。

8.2.2 右移运算

右移运算符"＞＞"是双目运算符。

优先级：右移运算和左移运算优先级是一样的。

结合性：由于右移运算符是双目运算符，所以具有左结合性。

功能：是把"＞＞"左边的运算数的各二进制位全部右移若干位，移到右端的低位被舍弃，对于无符号数，高位补 0。由"＞＞"右边的数指定移动的位数。

对于有符号数，右移时，符号位随着移动，当为正数，最高位补 0，当为负数，最高位补 0 还是补 1 取决于编译系统。对于无符号数，右移时，最高位补 0。

左移一位相当于该数除以 2，左移两位相当于该数除以 $2^2=4$。

例如：12＞＞2，即 00001100（十进制数 12）向右移动两位后为，00000011（十进制数 3）。

例 8.7　验证按位右移运算。

```
#include<stdio.h>
void main()
{
    int i=128,j;
    j=i>>1;
    printf("i=%d,j=%d\n",i,j);
    j=i>>2;
    printf("i=%d,j=%d\n",i,j);
}
```

```
i=128,j=64
i=128,j=32
Press any key to continue
```

图 8.7　例 8.7 按位右移运算程序运行结果

其运行结果如图 8.7 所示。

8.3 按位复合赋值运算

在本节介绍的 6 个位操作运算符中，除了单目运算符～外，其他双目运算符可组成另外 5 种复合赋值运算符。C 语言中的按位复合赋值运算符及其含义见表 8.7。

表 8.7　按位复合赋值运算

按位复合赋值运算符	名　称	运算对象个数	含　义
&=	位与赋值	双目	左值和右值与运算后结果赋给左值
|=	位或赋值	双目	左值和右值或运算后结果赋给左值

续表

按位复合赋值运算符	名 称	运算对象个数	含 义
∧=	位异或赋值	双目	左值和右值异或运算后结果赋给左值
<<=	左移位赋值	双目	左值和右值左移运算后结果赋给左值
>>=	右移位赋值	双目	左值和右值右移运算后结果赋给左值

例 8.8 验证按位复合赋值运算。

```
#include<stdio.h>
void main()
{
    int a=56,b=12,n=3;
    printf("%d&%d=",a,b);
        a&=b;
    printf("%d\n",a);
    a=56;
    printf("%d|%d=",a,b);
    a|=b;
    printf("%d\n",a);
    a=56;
    printf("%d>>%d=",a,b);
    a>>=n+2;
    printf("%d\n",a);
    a=56;
    printf("%d<<%d=",a,b);
    a<<=n+1;
    printf("%d\n",a);
}
```

其运行结果如图 8.8 所示。

```
56&12=8
56|12=60
56>>12=1
56<<12=896
Press any key to continue
```

图 8.8 例 8.8 按位复合赋值运算运行结果

本章小结

(1)位运算是C语言的一种特殊运算功能,它是以二进制位为单位进行运算的。位运算符只有位逻辑运算和移位运算两类,同时位运算符可以与赋值符一起组成复合赋值符。如&=,|=,∧=,>>=,<<=等。

(2)利用位运算可以完成汇编语言的某些功能,如置位,位清零,移位等。

练　习　题

一、选择题

1. 小写字母a的ASCII码为97,大写字母A的ASCII码为65。以下程序的运行结果为(　　)。

```
void main()
{
    unsignedint a=65,b=47;
    printf("\n%c",a|b);
}
```

(A)79　　(B)111　　(C)o　　(D)O

2. 下列程序的输出结果为(　　)。

```
void main()
{
    int x=56;
    charch='F';
    printf("%d",(x&15)&&(~ch));
}
```

(A)0　　(B)1　　(C)2　　(D)3

3. 下列程序的输出结果为(　　)。

```
void main()
{
    int x=18,y=6,z;
    z=x∧y<<2;
    printf("%d",z);
}
```

(A)00001010　　(B)00010000　　(C)00001100　　(D)00001000

4. 下列程序的输出结果为(　　)。

```
void main()
{
```

```
    int a=18,b=25,c;
    c=a∧b;
    b=c∧b;
    a=c∧a;
    printf("a=%d,b=%d\n",a,b);
}
```

(A)a=18,b=18 (B)a=25,b=25 (C)a=25,b=18 (D)a=18,b=25

5.以下位运算中优先级最低的是( )。

(A)&& (B)& (C)|| (D)|

6.在位运算中,操作数每右移2位,则结果相当于( )。

(A)操作数乘以2 (B)操作数除以2 (C)操作数乘以4 (D)操作数除以4

二、填空题

1.判断一个整数是否是奇数,是奇数则返回1,否则返回0。

```
int jishu(int n)
{
    if(__________)        /*只能是通过位运算,不能是其他运算符*/
        return1;
    else
        return0;
}
```

2.对于二进制数00101110,指定第2位和第7位置1,其余保持不变,则需要进行的操作是__________________。

三、程序设计题

1.编写一个函数,统计对于一个整数,其中二进制数中1的个数。(用32位表示一个数)

2.编写一个函数,实现循环右移。

第9章 文 件

9.1 C语言文件概述

前面章节中用到的输入和输出，多数是通过终端输入设备键盘来完成的，运行结果同样输出到终端输出设备显示器上。在程序的运行过程中，所有数据(包括程序运行中间数据以及最终结果)都是暂存到内存中，待关闭程序后，多数数据将不存在。但是在程序运行时，一些中间数据以及最终结果数据常常需要存储到磁盘上，方便以后可以直接使用，本章介绍的文件相关内容可以实现这些要求。

文件(file)是程序设计中非常重要的概念。所谓"文件"，一般是记录在外部介质上数据的集合。这些数据的集合是以文件的形式在外部介质上存储着的，只有在使用时才调入内存中来。操作系统是怎样管理这些数据的呢？事实上操作系统是以文件为单位来管理数据的，即不管读出还是写入介质中的数据，必须先按文件名找到所指定的文件打开之后，才能进行读或写操作。文件名包含两部分，即主文件名和扩展名，二者以(.)相连，如 student.c，file.h。引入文件的目的主要有两个：一是为了长时间地保留数据，二是为了解决大数据量程序运行的问题。有时程序需要处理的数据量很大，很难一次性全部将其存储到内存中，为了确保程序的运行，这时就要借助文件来部分地读取或写入数据。广义地说，所有的输入/输出设备都是文件，例如，终端键盘和扫描仪是输入文件，显示器和打印机是输出文件。

C语言把文件看成是一个字符(字节)的序列。文件可以从不同的角度进行分类。

(1)从用户的角度分，文件可分为普通文件和设备文件两种。

普通文件是指驻留在磁盘或其他外部介质上的一个有序数据集，可以是源文件、目标文件、可执行程序，也可以是一组待输入处理的原始数据，或者是一组输出的结果。源文件、目标文件、可执行程序可以称作程序文件，输入/输出数据可称作数据文件。

设备文件是指与主机相联的各种外部设备，如显示器、打印机、键盘等。通常把显示器定义为标准输出文件，一般情况下在屏幕上显示有关信息就是向标准输出文件输出。如前面经常使用的 printf，putchar 函数就是这类输出。键盘通常被指定为标准的输入文件，从键盘上输入就意味着从标准输入文件上输入数据。scanf，getchar 函数就属于这类输入。

按数据的组织形式不同，文件可分为 ASCII 文件和二进制文件两种。

1)ASCII 文件也称为文本文件，这种文件在磁盘中存放时每个字符对应一个字节，用于存放对应的 ASCII 码。文本文件的输出与字符一一对应，一个字节代表一个字符，便于对字符进行逐个处理，也便于输出字符。但文本文件占用的存储空间较多，需要花费一定的转换时间(将二进制形式转换成 ASCII 码)。

文本文件由文本行组成，每一行中可以有 0 个或多个字符，并以换行符"\n"结束，文本结束标志是 0x1A。用文本文件向计算机输入时，将回车换行符("\r"和"\n")转换成一个换行符

("\n"),在输入时把一个换行符("\n")转换成回车换行符("\r"和"\n")两个字符。例如:

ABCD ↙

EFGH

存储在文本文件后,第 7 个字符是 F 而不是 E,因为输入时虽然"↙"是回车换行("\r"和"\n")两个字符,但存储时已转换成一个换行符("\n")。

2)二进制文件把内存中的数据按其在内存中的存储形式原样输出到磁盘中存放,这样可以节省外存转换时间。但是一个字节并不对应一个字符(例如浮点数 3.1415 占用 4 个字节),不能直接输出字符形式。

二进制文件虽然也可在屏幕上显示,但其内容几乎不能读懂。C 系统在处理这些文件时,并不区分类型,都看成是字符流,按字节进行处理。

输入/输出字符流的开始和结束只由程序控制而不受物理符号(如回车符)的控制。因此也把这种文件称作"流式文件",流(Stream)是一次输入/输出元素的序列。一次文件的操作对应一个流,流是一种文本形式。在 C 语言中,把流分为 I/O 流、文本流、二进制流。

(2)按文件的处理方法不同,文件分为缓冲文件和非缓冲文件两种。

1)所谓缓冲文件系统是指系统自动在内存区为每个正在使用的文件开辟一个缓冲区。程序运行过程中,若内存中的数据要写入磁盘,必须先将内存中的数据送到缓冲区,待缓冲区中的数据满时,才一起将数据送到磁盘中;同样,若想从磁盘中读出数据,首先要将磁盘中的一批数据送到内存缓冲区中,缓冲区满后,再将缓冲区数据放到程序中,具体运行过程如 9.1 所示。

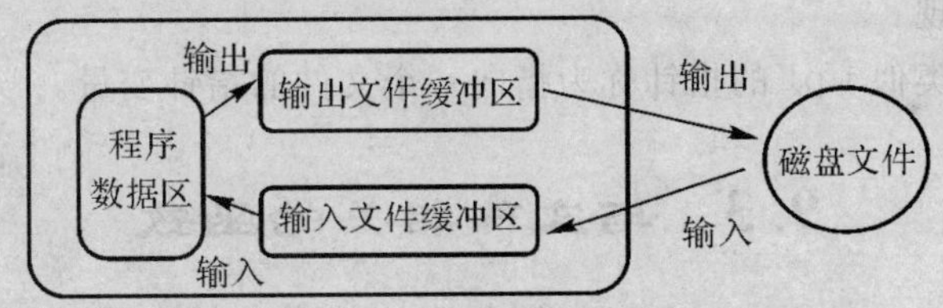

图 9.1　缓冲区数据存放形式

2)所谓非缓冲文件系统是指系统非自动开辟大小确定的缓冲区,而是由程序员为每个文件设定缓冲区。

C 语言中,没有文件输入/输出语句,对文件的读/写都是依靠库函数完成的。ANSI 规定了标准的输入和输出函数,用它们来对文件进行读/写。本章将讨论缓冲文件系统以及对它的打开、关闭、读、写、定位等各种操作。

9.2　文件指针

每一个使用的变量,系统都会为其开辟一定的空间用于存储内容,为了能找到该空间,系统还会开辟一个区,用来存放该变量的地址,称为指针;同样,系统也会为操作被使用的文件开辟一个区用来存放文件的有关信息(例如:文件的名字、状态和当前位置等)这就是文件指针,即在 C 语言中用一个指针变量指向一个文件,这个指针变量称为文件指针。

定义说明文件指针的一般形式为:

FILE *指针变量标识符;

通过文件指针可对它所指的文件进行各种操作。前面提到的文件信息保存在一个结构体变量中，该结构体类型是由系统定义的，取名为 FILE，这个结构说明包含在 stdio.h 文件中。其形式如下：

```
typedef struct{
    short level;                  /*缓冲区满/空的程度*/
    unsigned flags;               /*文件状态标志*/
    char fd;                      /*文件号*/
    unsigned char hold;           /*如果没有缓冲区不读取字符*/
    short bsize;                  /*缓冲区的大小*/
    unsigned char *buffer;        /*数据缓冲区的地址*/
    unsigned char *curp;          /*当前指向的指针*/
    unsigned istemp;              /*临时文件指示器*/
    short token;                  /*用于有效性检查*/
}FILE
```

有了结构体类型 FILE，可以用其定义多个指针变量，以存放若干文件信息。例如：

```
FILE *fpt1,*fpt2;
```

fpt1 和 fpt2 是指向 FILE 类型结构体的指针变量。通过该指针指向结构体中的信息访问文件。对于文件的所有操作都是基于文件指针来进行的。当然，如果要定义多个文件指针，可以用结构体数组来实现。

习惯上有时也把类似 ftp1 的指针称为指向一个文件的指针变量。

9.3 与文件相关的函数

在 C 语言中，文件操作都是由库函数来完成的。本节将介绍主要的文件操作函数。

9.3.1 文件打开函数(fopen 函数)

所谓打开文件只是建立文件的各种有关信息，并使文件指针指向该文件，以便后续其他操作。ANSI C 提供了打开文件的函数 fopen，其一般格式如下：

文件指针名=fopen(文件名，使用文件方式)；

功能：按指定方式打开文件。

返值：正常打开，为指向文件结构体的指针；打开失败，为 NULL。

其中，“文件指针名”必须是被说明为 FILE 类型的指针变量，“文件名”是被打开文件的文件名。“使用文件方式”是指文件的类型和操作要求。“文件名”是字符串常量或字符串数组。例如：

```
FILE *fp;
fp=fopen("b","r");
```

其意义是在当前目录下打开文件 b，只允许进行“读入”(r 代表 read，即读入)操作，并使 fp 指针指向该文件，这样 fp 指针就和文件 b 建立了关系，也就是说指针 fp 指向了文件 b。又如：

```
FILE *fp1;
fphzk=fopen("c:\\a1","rb");
```

其意义是以读入的方式打开C驱动器磁盘根目录下的二进制文件a1。两个反斜线"\\"中的第一个表示转义字符,第二个表示根目录。使用文件的方式共有12种,下面给出了它们的符号和含义,见表9.1。

表9.1　文件的使用方式

使用文件方式		含　义
打开方式串	操作方式	
r	只读	打开一个文本文件只读
w	只写	打开一个文本文件只写
a	追加	打开一个文本文件在尾部追加
rb	只\读	打开一个只读的二进制文件
wb	只写	打开一个只写的二进制文件
ab	追加	对二进制文件追加
r+	读/写	打开一个可读/写的文本文件
w+	读/写	创建一个新的可读/写的文本文件
a+	读/写	打开一个可读/写的文本文件
rb+	读/写	打开一个可读/写的二进制文件
wb+	读/写	创建一个新的可读/写的二进制文件
ab	读/写	打开一个可读/写的二进制文件

文件的打开方式说明如下:

(1)"r""w""a"是3种基本的文件打开方式,分别是从文件向计算机中读数据,由计算机向文件中写数据 ,向当前打开文件的结尾追加新数据3个作用。

(2)使用"r"时,被打开的文件必须存在,不能用"r"打开一个并不存在的文件(即输入文件),否则出错。

(3)使用"w"时,打开的文件只能用于向该文件写数据(即输出文件),而不能用于向计算机输入。如文件名是新的,则新建一个文件,如文件名已存在,则覆盖原来内容。

(4)使用"+"时,指定为读和写,即打开的文件既可以输入数据,也可以用来输出数据。如用"r+"方式打开的文件既可以用来输入数据,也可以用来输出数据。

(5)在打开文件时,如果打不开,则fopen函数会返回一个出错信息。打不开的情况有以下可能:①使用"r"打不开时,则文件不存在。②使用"w"打不开时,磁盘已满,或是磁盘损坏。此时,fopen函数返回一个NULL(NULL在stdio.h文件中已被定义为0)。例如:

```
FILE *fp;
int i;
fp=fopen("file1","wb");
if(fp==NULL)
```

```
{   printf("file open error!");
    exit(0);
}
```

上面的程序段中，当 fopen 函数的返回值是 NULL 时，显示文件不能打开，然后用函数 exit 关闭所有文件，结束程序执行，返回到操作系统。

程序运行时，系统将自动打开 3 个文件：标准输入、标准输出、标准出错输出。从终端输入或输出都不需要打开终端文件，原因就在于此。前面提到，打开文件需要文件指针，这里也不例外，stdio.h 头文件中已经对这 3 个文件指针进行了说明，并规定它们相应的文件指针为 stdin，stdout 和 stderr，分别指向终端输入、终端输出和标准出错输出(从终端输出)。通常，stdin 与终端输入键盘连接，stdout 和 stderr 与终端输出屏幕建立连接。由于这些指针是常量，故它们不可以被重新赋值，指向其他文件。

(6)指定文件名时有路径，应表示成 fopen("\\路径 1\\..\\文件名"，…)，如果没有指定路径，则表示打开的文件应从当前目录中查找。例如：

```
fopen("c:\\cyy\\test.txt","r")
```

9.3.2 文件关闭函数(fclose 函数)

文件一旦使用完毕，应把文件关闭，以避免打开文件的数据被误用或丢失。文件的关闭使用文件关闭函数(fclose 函数)来实现。其一般格式如下：

文件指针名＝fclose(文件指针)；

功能：使指向打开文件的指针变量不指向该文件，那么接下来对该文件的操作就不能通过此指针变量来进行，除非再次通过文件指针打开文件。

返值：fclose 函数关闭文件操作成功后，返回 0；否则返回非零值。

例如：

```
FILE *fp;
int i;
fp=fopen("file1","wb");
if(fp==NULL)
{   printf("file1 open error!");
    exit(0);
}
if (fclose(fp))
printf("file1 close error! \n");
```

在上面的程序段中，当文件被正常关闭后，返回 0 值，否则返回非零值，输出“file1 close error!”，也就是说文件没有被关闭，可以继续通过文件指针变量 fp 来操作。

应该养成在程序结束前关闭文件的习惯，因为在向文件写数据时，是先将数据输出到缓冲区，当缓冲区数据满后才输出给文件。如果在缓冲区中的数据输出给文件之前，程序因为某些原因终止，缓冲区中的数据将会丢失；如果在终止程序之前使用了关闭文件函数 fclose，则在程序结束之前会将缓冲区中的数据输出给文件，然后才释放指向文件的指针变量。

9.3.3　字符读/写函数(fgetc函数和fputc函数)

当利用文件打开函数fopen打开文件之后，就可以用指向文件的指针进行读/写了。首先介绍一下字符读/写函数，向文件读/写的内容是以字符为单位的。使用以上函数都要求包含头文件stdio.h。

1．fgetc函数

使用格式：fgetc(文件指针)；

函数调用形式：字符变量＝fgetc(文件指针)；

功能：从指定的文件中读一个字符，送给指定的变量。

返回值：函数被正确执行，返回字符的值；如果遇到文件结束标志，返回为EOF(其值在头文件stdio.h中被定义为－1)。

例如：

```
ch=fgetc(fp);
while(ch! =EOF)
{ putchar(ch);
  ch=fgetc(fp);
}
```

其意义是从打开的文件fp中读取一个字符并送入ch中，同时将读/写位置指针向前移动1个字节(即指向下一个字符)，如果遇到文件结束标志EOF(即－1)，则循环结束，不再读入字符。

读取一个文本文件时，可以将EOF(即－1)作为文件结束的标志，因为文本中的数据都是以ASCII码值存放的，而ASCII码的值是0～255，所以文本文件中的数据不会出现－1。即可以将EOF(即－1)作为文件的结束标记。

处理的文件是二进制时，按上述方法进行操作，就会出现问题，因为－1有对应的二进制码，故想通过EOF来直接判断二进制文件结束，显然不行。为解决此问题，ASCII C提供了一个函数feof来判断二进制文件是否真的结束。用feof(fp)来判断fp指向的文件是否“文件结束”，若二进制文件结束，调用函数feof返回值为1(真)，否则返回值为0。例如：

```
while(! feof(fp))
{ c=fget(fp);
  ……
  ……
}
```

当二进制文件未遇结束标志，则表达式！feof(fp)的值为1，可以继续执行c＝fget(fp)语句从文件读入字符，直到遇到文件结束标志，表达式feof(fp)的值为0，不再进行while循环。

当然上述对二进制文件的处理方法，也适用于文本文件。

2．fputc函数

使用格式：fputc(字符，文件指针)；

函数调用形式：字符变量＝fputc(字符，文件指针)；

功能：是把一个字符写入指定的文件中。

返回值：函数被正确执行，返回字符的值；如果遇到文件结束标志，返回为 EOF(其值在头文件 stdio.h 中，被定义为－1)。

例 9.1 从键盘输入字符，存到磁盘文件 test.txt 中。

```
#include <stdio.h>
#include <stdlib.h>
void main( )
{
    FILE *fp; /*定义文件变量指针*/
    char ch;
    if((fp=fopen("file1.txt","w"))==NULL)  /*以只写方式打开文件*/
    {
        printf("file cannot open! \n");
        exit(0);
    }
    while ((ch=fgetchar())! ='\n') /*只要输入字符非回车符*/
        fputc(ch,fp); /*写入文件一个字符*/
    fclose(fp);
}
```

程序运行的结果为

abcdefgh↙

则程序将从键盘输入的以回车结束的字符串 abcdefgh，写入指定的流文件 file1.txt，文件以文本只写方式打开，所以具有可读性，能支持各种字符处理工具访问。简单地说，可以通过 DOS 提供的 type 命令来列表显示文件内容，假如 file1.txt 文件在 d:\gc>下面，在 DOS 操作系统环境下，利用 type 命令显示 file1.txt 文件如下：

d:\gc> type file1.txt

屏幕上显示 file1 文件的内容：abcdefgh

在前面章节介绍过的字符输出函数 putchar，其实是在头文件 stdio.h 中，利用第 10 章中带参数的宏定义的形式对其作了说明。具体形式如下：

```
#define putchar(c) fputc(ch,fp)
```

使用 putchar 函数要比使用 fputc 函数简单一些。

9.3.4 字符串读/写函数(fgets 函数和 fputs 函数)

1. fgets 函数

使用格式：fgets(字符数组名，n，文件指针)；

功能：从文件指针所指的文件中读取至多 n－1 个字符，并把它们放入字符数组名指向的字符数组中。如果在读完 n－1 个字符之前，遇到回车换行符或者 EOF，读取随即结束。

返回值：fgets 函数的返回值为存放字符的数组地址。

例 9.2 从例 9.1 中的文件 file1 中读取一个含 5 个字符的字符串。

```
#include"stdio.h"
```

```
#include"stdlib.h"
void main()
{
    FILE *fp;
    chara[6];
    if((fp=fopen("file1.txt","r"))==NULL)
    {
        printf("file1 Can not open! \n");
        exit(1);
    }
    fgets(a,5,fp);
    printf("%s",a);
    fclose(fp);
}
```

上面程序执行的结果是:如果当前目录下面存在 file1.txt,则以只读的方式打开该文件,并从中读取 5 个字符,送入到字符数组 a 中,然后 printf 函数将字符数组 a 中的元素显示到屏幕上。

2. fputs 函数

使用格式:fputs(字符串,文件指针);

功能:将字符串写入到文件指针指向的文件中。

返回值:若输出成功,函数值为 0;否则为 EOF。

例如:fputs("abcdefg",fp)语句,作用是将字符串"abcdefg"写入到文件指针 fp 指向的文件中。另注意,fputs 函数中的第一个参数可以是字符串常量、字符数组名或者字符型指针,字符串末尾的"\0"不输出。

fgets 函数和 fputs 函数和前面提到的 gets 函数和 puts 函数的作用类似,但是前两者操作的对象为文件。

9.3.5 数据块读/写函数(fread 函数和 fwtrite 函数)

函数 gets 和 puts 可以用来读入文件中的以字符为单位的字符串。实际工作中,要求一次读入一组数据(比如结构体数据)时,就可以用 ASCII C 提供的数据块读/写函数 fread 和 fwtrite 来完成此功能。

数据块读写函数调用的一般形式为

fread(buffer,size,count,fp);

功能:从文件指针 fp 所指的文件中,每次读占 size 个字节数的内容,送入到指针 buffer 所指的空间中,上述步骤重复 count 次。

fwtrite (buffer,size,count,fp);

功能:将指针 buffer 所指的空间中的内容,每次读取 size 个字节的内容,送入到文件指针 fp 所指的文件中,上述步骤重复 count 次。

返回值:若上述两个函数调用成功,则函数返回值为 count 的值,即读/写数据块的个数。

buffer：是一个指针。对于 fread 函数，是读入数据的存放地址；而对于 fwrite 函数，是要输出数据的存放地址。

size：是要读/写的字节数。

count：从文件读入的数据项数。

fp：是指向要进行读/写的文件的指针变量。

例如，有一个如下的结构体类型：

```
struct   employee
{   char   name [ 10 ];
    long   code;
    float   salary;
    char address [40] ;
    char   phone [ 20 ];
} worker[30] ;
```

结构体数组 worker 中有 30 个元素，每个数组元素都是一个结构体变量，用来存放工人(worker)的数据(包括姓名、编码、工资、地址、电话)。假设工人的数据信息已经存放到结构体数组 worker 中，利用 for 语句和 fwrite 函数来完成写入磁盘文件的任务如下：

```
for(i=0;i<30;i++)
fwrite(&worker[i],sizeof(struct employee),1,fp);
```

利于 for 语句和 fread 函数完成从磁盘中读取数据块的任务，读者可以自己书写。

例 9.3　从键盘输入 n 个工人的信息，然后用 fwrite 函数把这些数据写入到指定的磁盘文件中，再从指定的磁盘文件中用 fread 函数将其读入到指定的地址中，然后输出到屏幕上。

```
#include "stdio.h"
#include "stdlib.h"
void main( )
{
    FILE *fp;
    int i,n;
    struct   employee
    {
    char name[10];
    int code;
    float salary;
    char address[40];
    char phone[20];
    }w1[2],w2[2];
     if((fp=fopen("file1.txt","wb"))==NULL)
     {
         printf("cannot open file");
         exit(0);
```

```
    }
    printf("please worker num:");
    scanf("%d",&n);
    printf("please input %d worker data:\n",n);
    for( i=0;i<n;i++)
    {
        scanf ("%s%d%f%s%s",w1[i].name,&w1[i].code,&w1[i].salary,w1
            [i].address,w1[i].phone);
        fwrite(&w1[i],sizeof(employee),1,fp);
    }
    fclose(fp);
    if((fp=fopen("file1.txt","rb"))==NULL)
    {
        printf("file1 cannot open ");
        exit(0);
    }
    printf("output from file:\n");
    for (i=0;i<n;i++)
    {
        fread(&w2[i],sizeof(employee),1,fp);
        printf ("%s\t%d\t%7.2f\t%s\t%s\t",w2[i].name,w2[i].code,w2[i].
              salary,w2[i].address,w2[i].phone);

    }
    fclose(fp);
}
```

从上述程序中分析，从键盘输入的数据是 ASCII 码，也就是文本文件，送到计算机缓冲区中时，回车和换行符转换成一个换行符，然后从缓冲区以“wb”(为输出打开二进制文件)方式输出到文件 file1.txt 中，此时数据不发生转换，按照内存中的形式存放到输出的 file1.txt 文件中。对于连续的输入数据块，此时的文件指针变量不指向文件的开始，因此必须对此指针变量进行处理(对文件进行关闭再打开)，以方便后续从该磁盘文件中读出数据块。之后利用 fread 函数从 file1.txt 文件中向缓冲区读入数据块，此时用的是“rb”(为输入打开二进制文件)，这样就保证了磁盘中的文件按原样输入到指定的空间中而不发生字符的转换。最后利用 printf 函数将其输入到结构体数组 w2 中的数据输出到屏幕上。此时的换行符又转换成了回车加换行符。

注意　fread 和 fwtrite 函数一般用于对二进制文件的读/写操作，对文本文件的读/写操作，由于数据块长度的问题，字符在二进制和文本之间相互转换时，很可能出现前后不一样的状况，读者可以自己举例分析。

9.3.6 格式化读/写函数(fscanf 函数和 fprintf 函数)

前面讲到的格式输入函数 scanf 和输出函数 printf,是将要操作的内容送到终端,需要将读/写的对象送到指定的磁盘文件时,就需要通过另外两个格式化读/写函数 fscanf 和 fprintf 来完成。一般形式为

fscanf(fp,格式控制串,输入列表);

功能:按照格式控制串控制的格式,从文件指针 fp 所指的文件中读取数据依次送入输入列表中的内存单元。

fprintf(fp,格式控制串,输出列表);

功能:按照格式控制串控制的格式,依次将输出列表中的内存单元的数据写入到文件指针 fp 指向的文件中。

例如:

fprintf(fp, "%d%c%f", a,b,c);

假设磁盘文件上有以下字符:

7 a 3.14

则会将数据列表内存单元中的数据 7,a,3.14 分别写入到 fp 指向的文件中。

例 9.4 从磁盘文件 file1.txt 中依次读出数据到指定的内存空间中,假设磁盘文件 file1.txt 中有 7,3.14 两个数据。

```
#include"stdio.h"
void main()
{ FILE *fp;
  int a;
  float b;
  fp=fopen("file1.txt","r");
  fscanf(fp, "%d%f", &a,&b);
  printf("a=%d,b=%5.2f",a,b);
  fclose(fp);
}
```

例 9.5 本例是对 fscanf 和 fprintf 函数的综合应用,其中 stdin 为标准的输入设备文件键盘,stdout 为标准的输出设备文件屏幕。

```
#include <stdio.h>
void main()
{ char a[20],b[20];
  int x,y;
  FILE *fp;
  fp=fopen("file1.txt","w");
  fscanf(stdin,"%s%d",a,&x);
  fprintf(fp,"%s  %d",a,x);
  fclose(fp);
```

```
    fp=fopen("file1.txt","r");
    fscanf(fp,"%s%d",b,&y);
    fprintf(stdout,"%s %d",b,y);
    fclose(fp);
}
```

fscanf 和 fprintf 函数可以输入、输出到标准文件中，此时类似于 sacnf("…",…)和 printf("…",…)，因此对于标准的输入、输出，使用后者比较方便。

9.3.7　文件数据的随机读/写

所谓文件的随机读/写是指，读/写完一个字符后，指针变量不再自动地移动到下一个字符位置，而是强制指针变量指向其他需要的位置。此操作可以通过相关函数来实现，如 rewind 函数、fseek 函数和 ftell 函数。

rewind 函数的作用是把文件内部的位置指针移动到文件的首部，同时此函数没有返回值。一般形式：

rewind(文件指针)；

例 9.6　将 file1.c 文件显示到屏幕上，第二次把它复制到另一个文件 file2.c 上。

```
#include <stdio.h>
void main()
{
    FILE *fp1,*fp2;
    fp1=fopen("file1.c","r");
    fp2=fopen("file2.c","w");
    while(! feof(fp1))  putchar(getc(fp1));
    rewind(fp1);
    while(! feof(fp1))
        putc(getc(fp1),fp2);
    fclose(fp1);
    fclose(fp2);
}
```

第一次对文件 file1.c 进行输出到屏幕上的操作时，文件指针已经移动到了文件的尾部，在第二次对文件 file1.c 进行操作前，必须将指针移回到文件的首部，才能进行正确的操作，rewind 完成了此任务。

fseek 函数的作用是根据需要，使文件指针移动到指定的位置，该函数是文件随机读/写的重要体现。一般形式：

fseek(文件类型指针，位移量，起始点)；

"文件类型指针"是指向被操作的文件。

"位移量"是以"起始点"为基点，向前移动的字节数。要求位移量是 long 型数据，以便在文件长度大于 64KB 时不会出错。当用数字常量表示位移量时，要求加后缀"L"，以表示是 long 型。

“起始点”表示从何处开始计算位移量，规定的起始点有 3 种：文件首、文件当前位置和文件末尾，分别用符号表示或者用数字表示。具体见表 9.2。

表 9.2　起始点的 3 种形式

起始点	表示符号	数字表示
文件首	SEEK_SET	0
当前位置	SEEK_CUR	1
文件末尾	SEEK_END	2

例如：fseek(fp,10L,0)；表示将指向文件的指针从文件开始向后移动 10 个字节。fseek(fp,－10L,2)；表示将指向文件的指针从文件当前位置向前移动 10 个字节。

例 9.7　fseek 函数的应用。

```
#include"stdio.h"
#include"stdlib.h"
void main()
{
    FILE *fp;
    char *s1="Fortran",*s2="Basic";
    if((fp=fopen("file1.txt","wb"))==NULL)
    {
        printf("Can't open test.txt file\n");
        exit(1);
    }
    fwrite(s1,7,1,fp);
    fseek(fp,0L,SEEK_SET);
    fwrite(s2,5,1,fp);
    fclose(fp);
}
```

若文件能正常打开，则最终在文件 file1.txt 中的内容为“Basic”。

ftell 函数的作用是返回指向当前文件指针变量的值，即文件当前的位置。如果不能正确返回当前位置的值，即出错，则函数 ftell 的值为－1L。

例 9.8　ftell 函数的应用。

```
#include"stdio.h"
#include"stdlib.h"
void main()
{
    FILE *fp;
    int i;
    char *s1="Fortran",*s2="Basic";
```

```
if((fp=fopen("file1.txt","wb"))==NULL)
{
    printf("Can't open test.txt file\n");
    exit(1);
}
fwrite(s1,7,1,fp);
fseek(fp,0L,SEEK_SET);
fwrite(s2,5,1,fp);
i=ftell(fp);
if(i==-1L)
    printf("error\n");
else
    printf("i=%d\n",i);
fclose(fp);
}
```

若文件能正常打开，则最终在文件 file1.txt 中的内容为“Basic”以外，还有在屏幕上输出 i=5，即为文件指针当前指向的文件位置。

9.3.8　文件出错检测函数

C 语言提供了一些文件检测函数用来检测输入、输出调用中的错误，常用的函数有 feof 函数、ferror 函数和 clearerr 函数。

1. feof 函数

调用格式：feof(文件指针)；

功能：判断文件是否处于文件结束位置。

返回值：如果文件结束，则返回值为 1，否则为 0。

例如：

```
while(! feof(fp1))   putchar(getc(fp1));
```

如果指向文件的指针 fp1 指向文件的结束位置，则返回值为 1，! feof(fp1)的结果为 0，循环结束；否则，继续循环。

2. ferror 函数

调用格式：ferror(文件指针)；

功能：检查文件指针指向的文件在用各种输入、输出函数进行读/写时是否出错。

返回值：如果用各种输入、输出函数进行读/写时未出错，则返回值为 0，否则返回一个非零值。由于对同一个文件不同次调用输入、输出函数时，ferror 函数会在每次调用时产生一个新值，因此在调用一个输入、输出函数后，应该立即检查 ferror 函数的值，以防止信息的丢失。

例如：

```
printf("i=%d\n",i);
j=ferror(fp);
printf("j=%d\n",j);
```

如果 printf("i=%d\n",i);正确,则输出 j 的值为 0 值。

3. clearerr 函数

调用格式:clearerr(文件指针);

功能:复位错误标志,即使 fp 所指向的文件错误标志和文件结束标志置 0。

如果输入、输出函数对文件指针指向的文件进行读/写出错,文件就会自动产生错误标志,这个错误标志会影响程序对文件的后续操作。此时 clearerr 函数的使用,使这些错误的标志复位为 0,即使 fp 所指向的文件的错误标志和文件结束标志均置为 0,从而使文件恢复正常。

9.4 库 文 件

C 系统提供了丰富的系统文件,称为库文件。C 的库文件分为两类,一类是扩展名为".h"的文件,称为头文件,在前面章节的包含命令中已多次使用过。在".h"文件中包含了常量定义、类型定义、宏定义、函数原型以及各种编译选择设置等信息。另一类是函数库,包括了各种函数的目标代码,供用户在程序中调用。通常在程序中调用一个库函数时,要在调用之前包含该函数原型所在的".h" 文件,具体的文件包含含义将在第 10 章中介绍。常用的库文件见表 9.3。

表 9.3 常用库文件

库文件(.h)	含 义
assert.h	包含定义 assert 调试宏
ctype.h	包含有关字符分类及转换的名类信息(如 isalpha 和 toascii 等)
errno.h	包含定义错误代码的助记符
fstream.h	包含文件输入/输出
iomanip.h	包含参数化输入/输出
iostream.h	包含数据流输入/输出
locale.h	定义本地化函数
math.h	说明数学运算函数,还定了 HUGE VAL 宏,说明了 matherr 和 matherr 子程序用到的特殊结构
stdio.h	定义 Kernighan 和 Ritchie 在 Unix System V 中定义的标准和扩展的类型和宏。还定义标准 I/O 预定义流:stdin,stdout 和 stderr,说明 I/O 流子程序
stdlib.h	定义杂项函数及内存分配函数
string.h	说明一些串操作和内存操作函数
time.h	定义时间转换子程序 asctime,localtime 和 gmtime 的结构,ctime,difftime,gmtime,localtime 和 stime 用到的类型,并提供这些函数的原型
wchar.h	包含宽字符处理及输入/输出的函数

9.5　文件操作程序举例与运行测试

程序如下：

```
#include<stdio.h>
#include<stdlib.h>
#include<conio.h>
#include<string.h>
void main( )
{
    FILE *fptr1, *fptr2, *fptr3; /* 定义文件指针 */
    char temp[15],temp1[15],temp2[15];
    if ((fptr1=fopen("addr.txt","r"))==NULL)/*打开文件*/
    {
        printf("cannot open file");
        exit(0);
    }
    if((fptr2=fopen("tel.txt","r"))==NULL)
    {
        printf("cannot open file");
        exit(0);
    }
    if((fptr3=fopen("addrtel.txt","w"))==NULL)
    {
        printf("cannot open file");
        exit(0);
    }
    clrscr(); /*清屏幕*/
    while(strlen(fgets(temp1,15,fptr1))>1) /* 读回的姓名字段长度大于1 */
    {
        fgets(temp2,15,fptr1); /* 读地址 */
        fputs(temp1, fptr3); /* 写入姓名到合并文件 */
        fputs(temp2, fptr3); /* 写入地址到合并文件 */
        strcpy(temp, temp1); /* 保存姓名字段 */
        do /*查找姓名相同的记录*/
        {
            fgets(temp1, 15, fptr2);
            fgets(temp2, 15, fptr2);
        }while(strcmp(temp,temp1)! =0);
```

```
        rewind(fptr2); /* 将文件指针移到文件头,以备下次查找 */
        fputs(temp2, fptr3); /* 将电话号码写入合并文件 */
      }
    fclose(fptr1); /*关闭文件*/
    fclose(fptr2);
    fclose(fptr3);
  }
```

请读者自行分析以上程序结构,并上机调试。

本章小节

本章主要介绍文件的基本概念及其相关操作。文件及其操作在程序设计中的作用可见一斑,合理有效地使用,可以在很大程度上提高程序的扩展性及其功能。

C语言系统把文件当作一个"流",按字节进行处理。记录在外部介质(磁盘)上数据的集合称作文件,磁盘文件从数据的组织形式上分为文本文件和二进制文件,无论是哪种文件,都必须按照相应的方式(只读、只写、读/写、追加,同时还要指定文件的类型)打开,打开的方式不同,相应的读/写操作也不同。使用结束,要及时关闭,否则可能出现信息的丢失。

对文件的基本操作大体分两种,即输入和输出操作。输入和输出可以到指定的文件或在指定的文件上进行。文件的基本操作函数包括文件的打开、关闭函数(fopen和fclose),字符读写函数(fgetc和fputc),字符串读/写函数(fgets和fputs),数据块读/写函数(fread和fwrite),格式化读/写函数(fscanf和fprintf),另外还包括文件数据的随机读/写函数(rewind,fseek和ftell),文件出错检测函数(feof,ferror和clearerr)等,具体功能不再总结,读者可以根据本章中的内容,自行总结学习。

练 习 题

一、选择题

1. 下列关于C语言数据文件的叙述中正确的是(　　)。

(A)文件由ASCII码字符序列组成,C语言只能读/写文本文件

(B)文件由二进制数据序列组成,C语言只能读/写二进制文件

(C)文件由记录序列组成,可按数据的存放形式分为二进制文件和文本文件

(D)文件由数据流形式组成,可按数据的存放形式分为二进制文件和文本文件

2. 以下叙述中不正确的是(　　)。

(A)C语言中的文本文件以ASCⅡ码形式存储数据

(B)C语言中对二进制文件的访问速度比文本文件快

(C)C语言中,随机读/写方式不适用于文本文件

(D)C语言中,顺序读/写方式不适用于二进制文件

3. 有以下程序:

```
#include <stdio.h>
void main( )
{  FILE *fp;
   int i,k=0,n=0;
   fp=fopen("d1.dat","w");
   for(i=1;i<4;i++)
       fprintf(fp,"%d",i);
   fclose(fp);
   fp=fopen("d1.dat","r");
   fscanf(fp,"%d%d",&k,&n);
   printf("%d %d\n",k,n);
   fclose(fp);
}
```

执行后输出结果是(　　)。

(A) 1　2　　(B)123　0　　(C) 1　23　　(D) 0　0

4. 以下程序企图把从终端输入的字符输出到名为 abc.txt 的文件中，直到从终端读入字符＃号时结束输入和输出操作，但程序有错。

```
#include<stdio.h>
main()
{  FILE *fout;charch;
       fout=fopen('abc.txt','w');
   ch=fgetc(stdin);
   while(ch! ='#')
     {  fputc(ch,fout);
        ch=fgetc(stdin);
     }
     fclose(fout);
}
```

出错的原因是(　　)。

(A)函数 fopen 调用形式错误　　(B)输入文件没有关闭

(C)函数 fgetc 调用形式错误　　(D)文件指针 stdin 没有定义

5. 有以下程序：

```
#include<stdio.h>
void main()
{
   FILE *fp;char str[10];
   fp=fopen("myfile.dat","w");
   fputs("abc",fp);
   fclose(fp);
```

```
        fp=fopen("myfile.dat","a+");
        fprintf(fp,"%d",28);
        rewind(fp);
        fscanf(fp,"%s",str);
        puts(str);
        fclose(fp);
    }
```

程序运行后的输出结果是(　　)。

(A)abc　　(B)28c

(C)abc28　　(D)因类型不一致而出错

6. 以下程序的运行结果是(　　)。

```
    #include<stdio.h>
    #include<stdlib.h>
    void main ()
    {
        FILE *fp;
        char *str1="first", *str2="second";
        if((fp=fopen("myfile","w+"))==NULL)
        {
            printf("Can't open file:myfile\n");
            exit(0);
        }
        fwrite(str2,6,1,fp);
        fseek(fp,0L,SEEK_SET);
        fwrite(str1,5,1,fp);
        fclose(fp);
    }
```

(A)first　　(B)second　　(C)firstd　　(D)为空

二、程序设计题

1. 编写程序，从键盘输入一个 C 语言程序，并将该程序读入到磁盘文件 file.c 中。

2. 编程打开一个文本文件 file.c，将其全部内容显示在屏幕上。

3. 写入 6 个学生记录，记录内容为学号、姓名、高等数学成绩、计算机基础成绩、大学英语成绩，程序先计算新插入学生的平均成绩，然后将它按学号顺序插入，插入后建立一个新的磁盘文件 file1。

4. 将 2 题中的学生数据作为数据源，读出 file1 中的所有数据，按平均分进行排序处理，将已排序的学生数据存入一个新的文件 file1 中。

5. 从键盘输入 6 行字符(每行长度不等)，输入后把它们存储到磁盘文件 file2 中，再从该文件中读入这些数据到指定的内存单元中，将其大写字母转换成小写字母后显示到屏幕上输出。

第 10 章　预处理命令

10.1 概　　述

C 语言的编译器由预处理器和翻译器两部分组成。其工作原理为预处理器读取源代码并将其交给翻译器，翻译器将代码转换成可识别的机器码，进而生成“.obj”目标文件。由于编译器的设计有所不同，预处理器和编译器可以一起工作，也可以预处理器先生成源程序，然后翻译器再进行翻译。

C 语言中的预处理命令由 ANSI C 统一规定，但它不是 C 语言本身的组成部分，不能对它们直接进行编译，因为编译器无法识别，如果想识别程序中这些特殊的命令，必须事先对它们进行“预处理”。例如，前面章节中，已经使用的以“#”号开头的文件包含命令“stdio.h”和宏定义命令“#define”等。在源程序中，这些命令一般放在源程序前面和函数外面，C 语言在正式对程序代码进行编译前，有一个预处理阶段，它专门负责分析和处理程序中那些前面以“#”开头的命令行，这些预处理命令不是 C 语句，所以指令的结尾没有分号“;”，每条命令独占一行，我们只有正确区分预处理命令和 C 语句，才能更好地把预处理命令为我所用。具备预处理命令和预处理功能是 C 语言不同于其他高级语言的特征之一。

C 语言提供的多种预处理命令可以分为 3 类：宏定义、文件包含命令和条件编译，它们的命令都以“#”开头。合理地使用编译预处理功能编写的程序便于阅读、修改、调试和移植，是程序设计中模块化思想的体现之一。

10.2 宏　定　义

在 C 语言程序中多次出现的常量、代码串，可以用宏定义的方法指定一个标识符来代替，故宏定义是用 #define 语句将一个标识符（又称宏名）替代一个字符串（或文本），这个过程通常称为“宏替换”或“宏展开”。C 语言中，有不带参数的宏定义和带参数的宏定义两种。

10.2.1 不带参数的宏定义

不带参数的宏定义只是用简单的标识符替代文本的操作，期间不涉及参数的问题。

一般形式为

```
#define    宏名    替换文本
```

例如，定义符号常量的方法，就是不带参数的宏定义使用之一。

```
#define PI 3.1415
```

这条命令中，#define 是预处理宏定义指令，PI 是根据标识符定义的宏名，3.1415 是在程序中出现的 PI 的替换文本。这条语句的作用是在进行预处理时，将程序中出现的 PI 标识符用替换文本 3.1415 来替换。利用宏定义,可以在程序的设计和调试中保证代码的一致性,一般情况下都是用简单的宏名来替代复杂的替换文本,如果想对替换文本进行修改,只需要在替换文本一处进行修改即可,如果没有使用宏定义,那么将需要对程序的大量文本进行修改,且容易出现漏改或错改。故宏定义的使用不仅减少了源程序中重复书写字符串的工作量,而且提高了程序的编写效率。

例 10.1 从键盘输入圆的半径,输出圆的周长、面积和以此作为半径的球体积。要求使用宏定义将圆周率设置成符号常量。

```
#include<stdio.h>
#define PI 3.1415
void main( )
{
    float r,len,are,vol;
    printf("Please input a radius:");
    scanf("%f",&r);
        len=2*PI*r;
    are=PI*r*r;
    vol=(PI*r*r*r*4)/3.0;
    printf("length=%5.2f\n,area=%5.2f\n,volume=%5.2f\n",len,are,vol);
}
```

经预处理后以上程序源代码为

```
void main( )
{
    float r,len,are,vol;
    printf("Please input a radius:");
    scanf("%f",&r);
    len=2*3.1415*r;
    are=3.1415*r*r;
    vol=(3.1415*r*r*r*4)/3.0;
    printf("length=%5.2f\n area=%5.2f\n volume=%5.2f\n",len,are,vol);
}
```

```
Please input a radius:3.0
length=18.85
area=28.27
volume=113.09
Press any key to continue
```

图 10.1 例 10.1 运行结果

输入 r=3.0 时运行情况如图 10.1 所示。

使用不带参数的宏定义时应注意以下几方面的问题:

(1)使用宏定义时,#define、宏名、替换文本三者要用空格隔开,且在替换文本后不加分号";",否者该分号将被作为替换文本的一个字符处理。例如:

```
#define SIZE 100;
void main( )
{
……
int a[SIZE];
```

```
    ……
}
```

经预处理后以上程序源代码为：

```
void main( )
{
    ……
    int a[100;];
    ……
}
```

显然以上程序在编译时出现错误，在 100 的后面多了一个分号"；"。

(2)宏名是一个合法的标识符，为了和变量名相区别，C 语言通常用大写字符(也可以用小写)表示宏名。

(3)宏定义只是在预处理过程中，机械地、简单地将程序中出现的宏名进行替换，对替换文本中内容的正确性不会加以判断，只有在编译时才会对替换过的文本内容检测正确与否。例如下列程序段中的 printf 函数少写一个 f 字母，并不影响预处理过程，但是编译过程会出现 print 错误：

```
#include<stdio.h>
#define MSG print("This is a program! \n");
void main( )
{
    MSG
}
```

经预处理后以上程序源代码为

```
void main( )
{
    print("This is a program! \n");
}
```

显然上面的 print 出错。

(4)宏名和替换文本之间必须用空格分开，否则会将宏名和替换文本连为一体，而没有替换文本。

(5)宏定义可以把程序中出现的宏名进行替换，也可以把其他#define 语句中的替换文本中的宏名进行替换，即可以层层替换。

例 10.2

```
#include<stdio.h>
#define X 8
#define Y X-2
#define Z Y*Y
void main( )
{
```

```
    printf("%d\n",Z);
}
```

程序预处理过程之后，程序代码为

```
void main()
{   ……printf("%d\n",X-2*X-2);
}
```

程序中一次替换的过程是：

Z替换成 Y＊Y；

再将 Y 替换成 X－2，即 X－2＊X－2；

再将 X 替换成 8，即 8－2＊8－2。

表达式 8－2＊8－2 的运算结果是－10。切记在预处理过程中，注意前面的(2)，不要自动的在替换文本中添加其他操作，比如在预处理过程中，不要将表达式 8－2＊8－2 理解成(8－2)＊(8－2)，虽然宏定义可以层层替换，但只是替换，不能提前进行计算。

(6)一个＃define 命令只能进行一个宏定义，如果宏定义缺省，默认的替换文本为字符常量 0。

例 10.3

```
#include<stdio.h>
#define M
void main( )
{
    printf("%d\n",M+8);
}
```

```
8
Press any key to continue
```

图 10.2　例 10.3运行结果

程序的运行结果如图 10.2 所示。

以上程序经过预处理之后，将 printf 语句中的 M＋8 处理为 0＋8，故运行的结果为 8。

(7)宏定义不是执行语句，是在编译前进行的。通常，宏定义命令出现在文件的开头和函数的前面，预处理的过程在整个文件中有效，若中间需要终止宏定义，可以使用＃undef 命令。例如：

```
#include<stdio.h>
#define X 8
void main( )
{
    ……
    int max(int a,int b)
    printf("%d\n",Z);
    ……
}
    #undef X
    int max(int a,int b)
{
```

```
    ......
}
```

以上程序段中＃undef 语句之后再出现 X，不再被替换。

(8)预处理时并不是对源程序中所有的宏名进行替换。如果在源程序中出现的宏名被双引号括起来，预处理时将不被替换。

例 10.4

```
#include<stdio.h>
#define X 8
void main( )
{
    printf("X" );
}
```

程序段输出的结果是 X，而不是 8。

(9)宏定义是一个预处理命令，不能将宏替换和定义变量等同，宏是做“字符串替换”。例如：＃define A B 并不是定义了一个变量 A，而是把下面所有的 A 都替换成 B。

10.2.2　带参数的宏定义

带参数的宏定义比不带参数的宏定义功能更强大，替换的同时，又有新的数据进入，主要体现为宏名中有可以利用的参数，其类似于函数首部中的参数调用，可以将其传递到合适的位置。

一般形式为

＃define　　宏名(参数 1，参数 2，…)　　替换文本

＃define 后面宏名中的参数类似于函数定义时的形参，在源程序中将文本替换的宏名(参数表)，形同调用函数时给定的实参，在进行替换时一定按＃define 命令行中指定的替换文本由左至右进行替换，如果源程序中宏名中的参数是表达式，不要对其实现计算，再替换。

例 10.5

```
#include<stdio.h>
#define SUM(a) a*6              /*此时 SUM(a)中的 a 类似于形参*/
void main()
{
    int a=3,b;
    b=SUM(a+1);                 /*此时 SUM(a)中的 a 类似于实参*/
    printf("%d",b);
}
```

程序预处理过程之后，程序代码为

```
void main()
{
    int a=3,b;
    b=a+1*6;
```

```
    printf("%d",b);
}
```


图 10.3 例 10.5 运行结果

程序运行结果如图 10.3 所示。

使用带参数的宏定义时应注意以下几方面的问题：

(1)带参数的宏定义与不带参数的宏定义的区别是宏名后面紧跟着参数，如果参数表左边的括号"("与宏名有空格隔开，则将成为不带参数的宏定义。例如：

```
#define SUM (a) a*6
```

SUM 和(a)中间有空格，则(a) a*6 都成为了替换文本。

(2)带参数的宏定义在进行宏展开时，不要提前对其运算，错误的加上括号。例如：

带参数的宏定义 #define SUM(a) a*6

源程序中的宏 b=SUM(a+1);

经过预处理之后 b=a+1*6，如果想要把 a+1 作为宏替换时的实参，则源程序中的宏应书写成 b=SUM((a+1))，经过预处理之后 b=(a+1)*6。

(3)带参数的宏定义中，只要替换文本中出现的参数，宏展开时，可以多次进行替换。例如：

例 10.6

```
#include<stdio.h>
#define X(x1,x2) x1=x++;  x2=++x;
void main()
{
    int x=2,x1,x2;
    X(x1,x2);
    printf("x1=%d\nx2=%d\n",x1,x2);
}
```

程序预处理过程之后，程序代码为

```
void main()
{
    int x=2,x1,x2;
    x1=x++;  x2=++x;
    printf("x1=%d\nx2=%d\n",x1,x2);
}
```


图 10.4 例 10.6 运行结果

程序运行结果如图 10.4 所示。

(4)带参数的宏定义，理解、应用时可以参照函数形参和实参的内容，但是带参数的宏定义的参数形式和意义与函数中的参数虽有相似之处，比如形参和实参的数目相等，毕竟二者是不同的，主要区别体现在以下几方面：

◇ 带参数的宏定义中，参数在进行替换时只是将参数进行简单的替换，并不是计算之后再替换；而函数中的实参，若是表达式，则先求出表达式的值，然后再传给形参。

◇ 带参数的宏定义中参数给定时，不需要指定其类型，因此参数在进行替换时，任何类型都可以；而函数中的形参定义时，不仅要求有类型定义，而且需和实参的类型一致，否则在传递值的过程中会出错。

◇ 带参数的宏定义，预处理过程时进行宏展开，参数并不分配内存，只是进行替换；而函数的形参定义时，程序运行时系统会为其分配临时内存。

◇ 带参数的宏定义，可以用来定义多个语句，宏可以得到多个返回值，如例 10.6；而函数只有通过 return 语句得到一个返回值。

◇ 带参数的宏定义，由于预处理过程中会出现宏名被替换文本替换的过程，如果源程序中多次出现宏名，则运行程序时随着宏的一次次被替换，程序逐渐增长；而函数不会，每调用一次函数，都会找到函数定义那一处进行执行。

◇ 带参数的宏定义，参数的替换使程序逐渐增长，故它只占用编译时间；而函数调用时，有分配临时内存、值传递和返回值等一系列动作，因此它占用的是运行时间。

例 10.7

```
#include<stdio.h>
#define SQUARE(x) ((x)*(x))
int mult_fun(int x)
{
    return((x)*(x));
}
void main()
{   int j=1;
    printf("有参数传递的函数的应用:\n");
    while(j<=3)
        printf("%d\n",mult_fun(j++));
    j=1;
    printf("带参数的宏定义的应用:\n");
    while(j<=3)
        printf("%d\n",SQUARE(j++));
}
```

例 10.7 程序中将带参数的宏定义和函数的调用放在一起，请读者认真分析，注意 j 值的变化，才能得出正确的结果。

宏定义的应用，是为了避免在程序中大量重复地书写相同的、烦琐的、容易出错的内容。比如可以在宏定义中将 printf 函数的格式定义好，在接下来的程序中就可利用宏来代替烦琐的 printf 输出格式，读者可以试着设计一下。

10.3 文件包含

文件包含是 C 预处理程序的另一个重要功能。

文件包含命令行的一般形式为

#include"文件名"

或

#include<文件名>

在前面已多次用此命令包含过库函数的头文件。例如：

#include<stdio.h>

#include"math.h"

文件包含命令的功能是把指定的文件插入该命令行位置取代该命令行，从而把指定的文件和当前的源程序文件连成一个源文件。

在程序设计中，文件包含是很有用的。一个相对大的程序通常分为多个模块进行处理，且由多个程序员分别编程。有些公用的符号常量或宏定义等可单独组成一个文件，在其他文件的开头用包含命令包含该文件即可使用。这样，可避免在每个文件开头都去书写那些公用量，从而节省时间，提高效率，并减少出错。

比如图10.5所示，文件file1.c中有一个#include"format.h"文件包含命令。程序在进行预处理时，对文件包含命令和宏定义进行处理，即将文件format.h的内容复制到#include"format.h"命令处，编译时，format.h文件作为文件file的一部分参与编译。

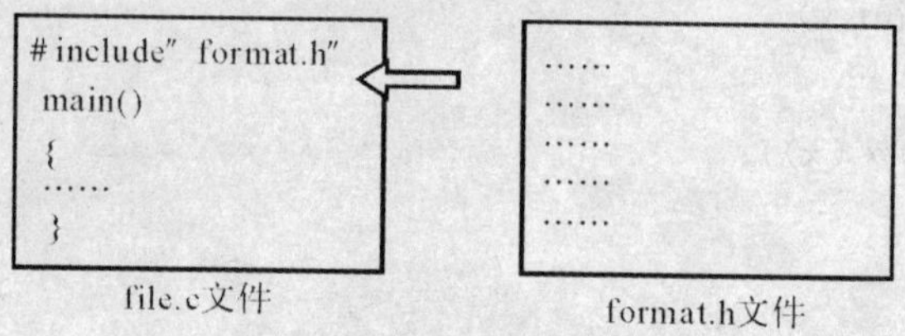

图10.5　文件包含命令

例10.8　将格式输出函数printf的格式宏定义统一放到文件format.h中，在file1.c文件中包含该文件。

文件format.h：

```
#define PTR   printf
#define N   "\n"
#define A   "%d"
#define A1   A  N
```

文件file1.c：

```
#include "print_format.h"
void main()
{   int i=1;
    PTR(A1,i);
}
```

使用不带参数的宏定义时应注意以下几方面的问题：

(1)文件包含命令#include "文件名"和#include <文件名>后面是不带分号的。

(2)文件包含命令有#include "文件名"和#include <文件名>两种格式，二者的区别是：使用双引号的文件名格式，预处理过程中，系统首先会在当前目录下查找是否存在该文件，如果不存在，再到双引号指定的文件包含目录(用户实现在配置环境时设定)查找；使用尖括号的文件名格式，预处理过程中，系统会直接到指定的文件包含目录（用户实现在配置环境时设定）查找，如果不确定要查找的文件是否一定在当前目录下，最好使用双引号的文件名格式。

(3)经常用在文件头部的被包含文件，称为“标题文件”或“头文件”，文件的后缀是“. h”（head 的缩写），比如常用到的“stdio. h”文件。当然文件的后面也可以不加“. h”后缀或者用“. c”后缀，相对而言，用“. h”作后缀更能表达该文件的性质。

在头文件中，处理可以包含类似例 10.8 中的宏定义外，还可以包含子函数的定义、结构体类型定义及全局变量定义等。应当注意，只要被包含的头文件修改后，凡是包含此文件的所有文件都要重新进行编译。

(4)一条＃include 文件包含命令，只能指定一个被包含的文件。如果需要多个文件被包含，则需要用多条＃include 命令，例如文件 file1. c 中用到了 file2. h 和 file3. h 两个文件，需要在 file1 文件的首部定义下面两条语句：

```
#include"file2.h"
#include"file3.h"
```

在多条文件包含命令使用时，一定要注意其先后顺序，上例中，如果文件 file2 中使用到了 file3 中的内容，那么上例中的文件包含命令的顺序要调整为

```
#include"file3.h"
#include"file2.h"
```

则 file3 和 file1 两个文件中都是用 file2. h 中的文件内容了。否则 file1 文件不能使用 file2 文件中的内容。

(5)文件的包含可以嵌套，也就是说，被包含的文件中又包含另一个文件。例如，文件 file1. c 中要使用到文件 file2. h 的内容，而 file2. h 中要使用 file3. h 中的内容，则可以在 file2 文件的首部定义＃include“file3. h”文件，如图 10.6 所示

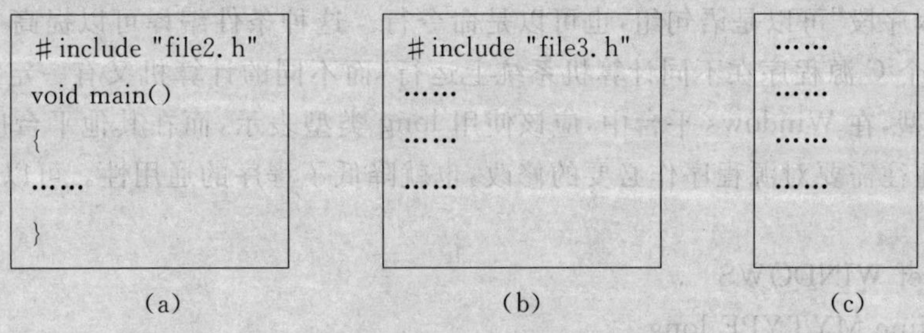

图 10.6　文件嵌套形式

(a)file1. c 文件；　(b) file2. h 文件；　(c) file3. h 文件

(6)被包含的文件 file2. h 和其所在的源文件 file1. h，经过预处理后成为了一个文件，也就是说在文件 file2. h 中如果有全局静态变量，那么在预处理后的整个文件中都有效，不必使用 extem 说明。

(7)＃include 文件包含命令一般把 C 语言提供的标准库头文件包含到源文件中，如 stdio. h（标准输入/输出函数库），math. h（数学函数库），stdlib. h（常用函数库），string. h（字符串处理函数库）等。当然也可以定义头文件，通常把常用的函数原型、宏定义、结构和联合类型定义等内容写入自定的头文件，然后利用文件包含命令＃include 将定义的头文件包含到该文件中。

10.4 条件编译

经过预处理过的源程序中，除了注释行的语句外，所有行的语句都要参加编译。但是，有时考虑特殊情况，需要某些语句根据给定的条件来决定是否编译，这就是通常称为的“条件编译”。使用条件编译，可以根据需要减少被编译的语句，从而减少目标程序的长度，减少运行时间。条件编译的使用也可以使同一源程序适合于调试(进行程序跟踪、打印较多的状态或错误信息)，又适合高效执行要求。还可以实现同一源程序适应各种不同的版本，提高程序的可移植性。

条件编译的命令有以下几种形式：

(1)形式 1，如图 10.7 所示。

功能：若＃ifdef 后面的标识符已经通过＃define 宏定义的命令定义过，那么程序在进行编译时，只有程序段 1 被编译，或程序段 2 被编译，二者选择其一。当然＃else 部分可以省略，如图 10.8 所示。

```
#ifdef 标识符
  程序段 1
[#else
  程序段 2]
#endif
```

图 10.7　条件编译的命令形式 1

```
#ifdef 标识符
  程序段 1
#endif
```

图 10.8　条件编译的命令＃else 省略形式

如果采用这种形式，只有标识符被＃define 定义过，程序段 1 才被编译。

这里的“程序段”可以是语句组，也可以是命令行。这种条件编译可以提高 C 源程序的通用性。如果一个 C 源程序在不同计算机系统上运行，而不同的计算机又有一定的差异，例如，有一个数据类型，在 Windows 平台中，应该使用 long 类型表示，而在其他平台应该使用 float 类型表示，这往往需要对源程序作必要的修改，也就降低了程序的通用性。可以用以下的条件编译：

```
#ifdef WINDOWS
#define MYTYPE long
#else
#define MYTYPE float
#endif
```

如果在 Windows 上编译程序，则可以在程序的开始加上

```
#define WINDOWS  0
```

或将 WINDOWS 定义为任何字符串，甚至是下面这种形式：

```
#define WINDOWS
```

都认为 WINDOWS 被宏定义过。

这样编译下面的命令行：

```
#define MYTYPE long
```

则预编译后程序中的 MYTYPE 都用 long 代替。否则编译下面的命令：

```
#define MYTYPE float
```

这样，源程序可以不必作任何修改就可以用于不同类型的计算机系统。

例 10.9　根据需要设置条件编译，使之控制输出的结果。

```
#include"stdio.h"
#define M
void main()
{
    int x,y;
    scanf("%d,%d",&x,&y);
#ifdef M
     printf("%d\n",x+y);
#else
     printf("%d\n",x-y);
#endif
}
```

执行程序时，若输入 7,8，则输出的结果如图 10.9 所示。

例 10.9 是对条件编译应用的一个体现，其优越性读者可以根据前面提到的条件编译的特性，自行总结。

图 10.9　例 10.9 运行结果

```
#ifndef 标识符
  程序段 1
[#else
  程序段 2
#endif]
```

图 10.10　条件编译的命令形式 2

(2)形式 2，如图 10.10 所示。

功能：形式 2 的执行正好与形式 1 执行相反，也就是说若 #ifdef 后面的标识符已经通过 #define 宏定义的命令定义过，那么程序在进行编译时，只有程序段 2 被编译，否则程序段 1 被编译，二者选择其一，但是和形式 1 的顺序刚好相反。

例 10.10　将例 10.9 中的程序的 #ifdef 修改成 #ifndef，程序如下：

```
#include"stdio.h"
#define M
void main()
{
    int x,y;
    scanf("%d,%d",&x,&y);
#ifndef M
     printf("%d\n",x+y);
```

```
    #else
        printf("%d\n",x-y);
    #endif
}
```

执行程序时，若输入 7,8，则输出的结果如图 10.11 所示。

以上两种条件编译的用法，只是形式上的不同，用法差不多，读者可以根据编写程序的方便程度，任选一种。

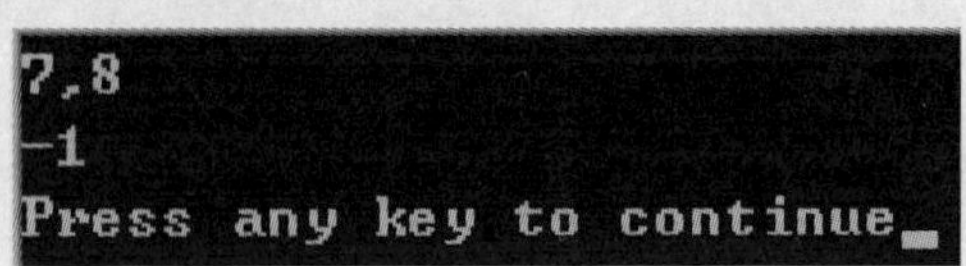

图 10.11　例 10.10 运行结果

```
#if 表达式
  程序段 1
[#else
  程序段 2
#endif]
```

图 10.12　条件编译的命令形式 3

(3)形式 3，如图 10.12 所示。

功能：前面两种形式，是根据标识符的定义与否，来决定执行哪个程序段，而形式 3 是根据 #if 后面的表达式值的真或假，执行其一。若表达式的值为真，执行程序段 1；表达式的值为假，则执行程序段 2。

例 10.11　设置一个开关，判断输入值是半径还是边长，实现求圆或正方形的面积。

```
#define PI 3.1415
#define R 1
#include<stdio.h>
void main( )
{   float r,s1,s2;
    printf ("input a number:");
    scanf("%f",&r);
    #if R
        s1=PI*r*r;
        printf("area of round is: %5.2f\n",s1);
    #else
        s2=r*r;
        printf("area of square is: %5.2f\n",s2);
    #endif
}
```

```
input a number:2.5
area of round is: 19.63
Press any key to continue
```

图 10.13　例 10.11 运行结果

执行程序时，若输入 2.5，则输出的结果如图 10.13 所示。

程序中将 R 定义为 1(非零值)，这样在对程序进行预处理时，#if R 中的 R 被替换成 1(非零值)，则对 if 后面的语句进行编译。如果将 R 定义为 0：

```
#define R 0
```

则在预处理时，对 else 后面的语句进行编译。运行时若输入 r 的值，输出的值将是正方形的面积。

有读者可能会对＃if 的使用提出疑问，它的作用和普通的 if 选择语句一样，那么使用＃if 的好处是什么？这个好处确实从运行结果体现不出来，但是在编译时普通的 if 和 else 后面语句全部参与编译，目标程序太长，相应的运行时间也较长；而＃if 和＃else 后面的语句根据＃if 后面的表达式的真假值，来决定谁参与编译，也就是说只有二者之一参与编译，相应的目标程序短，程序执行的时间也短，使用＃if 的好处显而易见。

本章小结

(1)程序的预处理功能是 C 语言特有的功能，源程序经过预处理后，才进行编译处理，这个过程的进行是通过预处理命令来实现的。

(2)宏定义使用的意义是定义某些符号常量或源代码串，以保证程序中的代码一致性，提高程序的编写效率。

(3)文件包含命令＃include 是预处理的一个重要功能，它可用来把多个源文件连接成一个源文件进行编译，生成一个目标文件，提高代码的利用率。

(4)条件编译的使用，是选择性的参与编译，缩短目标程序的长度，从而减少内存开销，缩短运行时间，进而提高程序的效率。

(5)使用预处理功能便于程序的修改、阅读、移植和调试，增加了程序的灵活性。

练习题

一、选择题

1. 以下程序中的 for 循环执行的次数是（　　）。

```
    #define N 2
    #define M N+1
    #define NUM (M+1)*M/2
    void main()
{   int i;
    for(i=1;i<=NUM;i++) ;
    printf("%d\n",i);
    }
```

(A)5　　　　(B)6　　　　(C) 8　　　　(D)9

2. 设有以下的宏定义：

```
    #define N 3
    #define M(n) ((N+1)*n)
```

则执行语句 z=2＊(N+M(2+3));后 z 的值为（　　）。

(A)46　　　　(B)28　　　　(C)48　　　　(D)错误

3. 以下程序的运行结果是（　　）。

```
#define MIN(x,y) (x)<(y)? (x):(y)
main()
{ int I=10,j=15,k;
  k=10 * MIN(i,j); prinft("%d\n",k);}
```

(A)10　　(B)15　　(C)100　　(D)150

4. 以下程序的执行结果是(　　)。

```
#define N(x) x * (x+1)
#include<stdio.h>
void main()
{
    int i=1,j=2;
    printf("%d\n",N(1+i+j));
}
```

(A)12　　(B)45　　(C)49　　(D)9

5. 以下叙述中错误的是(　　)。

(A)在程序中凡是以"#"开始的语句行都是预处理命令行

(B)预处理命令行的最后不能以分号表示结束

(C)#define MAX 是合法的宏定义命令行

(D)C 程序对预处理命令行的处理是在程序执行的过程中进行的

6. 在"文件包含"预处理语句的使用形式中,当#inlcude 后面的文件名用""(双引号)括起时,寻找被包含文件的方式是(　　)。

(A)直接按系统设定的标准方式搜索目录

(B)先在源程序所在目录搜索,再按系统设定的标准方式搜索

(C)仅仅搜索源程序所在目录

(D)仅仅搜索当前目录

7. 请读程序:

```
#define LETTER0
#include<stdio.h>
void main()
{
    char str[20]="C Language",c;
    int i=0;
    while((c=str[i])! ='\0')
    {  i++;
#if LETTER
     if(c>='a'&&c<='z')
          c=c-32;
#else
     if(c>='A'&&c<='Z')
```

```
        c=c+32;
    #endif
      printf("%c",c);}
    }
```

以上程序的运行结果是(　　)。

(A) C Language　　　　(B) c language

(C) C LANGUAGE　　　　(D) C language

二、程序设计题

1.定义一个带参数的宏,使两个参数的值互换。

提示　输入两个数作为使用宏时的实参,然后输出交换后的两个值。

2.给年份 year 定义一个宏,以判断该年份是否是闰年。

提示　宏名可定义为 LEAP_YEAR,形参为 y,定义宏的形式为

define LEAP_YEAR(y)

3.分别用函数和带参数的宏,从 3 个数中找出最大数。

4.利用条件编译方法实现以下功能:

输入一行电报文字,可以任选两种输出:第一种是原文输出;第二种是译成密码输出,即将字母变成其下一个字母(如'a'变成'b',…,'z'变成'a'),其他非字母字符不变。用#define 命令来控制是否要选择原文输出还是密码输出。

参 考 文 献

[1] 克尼汉，里奇.C程序设计语言.徐宝文，李志，译.北京：机械工业出版社，2004.

[2] 王娣，韩旭，等.C语言从入门到精通.北京：清华大学出版社，2010.

[3] 谭浩强.C程序设计.3版.北京：清华大学出版社，2005.

[4] 鲍有文，等.C程序设计试题汇编.北京：清华大学出版社，2006.

[5] 杨路明.C语言程序设计教程.北京：北京邮电大学出版社，2005.

[6] 克尼汉，等.C程序设计语言(英文版).2版.北京：机械工业出版社，2006.

[7] 尹宝林.C程序设计思想与方法.北京：机械工业出版社，2009.

[8] 马拉古路萨米.标准C程序设计.4版.北京：清华大学出版社，2009.

[9] 吴德成.C程序设计.北京：清华大学出版社，2011.

[10] 罗坚，王声决.C程序设计实验教程.北京：中国铁道出版社，2007.